産業廃棄物
適正管理能力検定
公式テキスト 第5版

一般社団法人企業環境リスク解決機構

著

第一法規

はじめに

　日本で事業活動を行う企業であれば、産業廃棄物を全く排出しない、という企業は存在しないでしょう。産業廃棄物は工場や工事現場から排出される大量の廃棄物とは限りません。オフィスで捨てたボールペンや交換した蛍光灯など、普段産業廃棄物としてイメージされることが少ないものも、法律上では産業廃棄物に分類され、工場から排出される産業廃棄物と同様に規制が適用されます。

　振り返ってみれば、日本ではたびたび産業廃棄物の不適正な処理が大きな問題になってきました。各地で大規模な不法投棄事件が発生し、その中には発生から数十年を経た今日もなお最終的な解決に至っていないものもあります。このような状況の中で、産業廃棄物に関わる規制は繰り返し改正され、さらに厳しく変化し続けています。

　今日では、廃棄物処理法を中心とした産業廃棄物関連の規制は非常に複雑なものとなっており、担当者が正しい知識を有していなければ、容易に法律違反を犯してしまいます。加えて、産業廃棄物を排出する企業には特に重大な責任を求められ、処理を委託した処理業者が不適正処理を行った場合でも責任を問われる場合があります。一度、産業廃棄物の不適正処理に巻き込まれれば、高額な罰金や、原状復帰のための費用負担が生じることはもちろん、社名の公表によるブランドイメージの失墜や刑事事件への発展など、経営全体に悪影響を与える事態を引き起こしかねません。今や、産業廃棄物の適正管理は企業の社会的責任にとどまるものではなく、経営リスクのマネジメントとしても大きな意味を持つようになってきています。

　当機構では、ますます重要性を増す産業廃棄物の適正管理を、企業全体で取り組む課題であると定義し、その第一歩は産業廃棄物管理担当者が適正管理を実現できるだけの正しい知識を有していることであると考えました。産業廃棄物適正管理能力検定は、そのコンセプトのもとに、産業廃棄物の管理担当者が必須の知識を体系的に学習し、確かな力量を持つことを確認するために創設された検定試験です。平成28年8月に第1回検定を開始した本検定試験も、開催14回、延べ受験者数4,000人を数えるまでに発展してきました。本書も、令和元年に発行した第4版から、本検定の趣旨に共感いただいた第一法規株式会社からの発行となり、多くの人に愛読いただいていることを実感します。また、令和2年8月には、環境省所管「環境教育等による環境保全の取組の促進に関する法律第11条第4項」の規定に基づき、環境保全に関する知識や、指導に係る能力を有する者等を認定する事業を国が審査し、基準に適合しているものを登録する制度「人材認定等事業」に登録されました。本検定試験が担う社会的使命もますます大きくなっていると感じています。

　本書は、最新の法施行状況を反映したことに加え、検定の出題範囲である産業廃棄物管理担当者にとって必要な知識を網羅するように、内容を補完しています。

　検定試験に向けた学習はもちろんのこと、日々の実務を行う上での参考書籍としても是非本書をご活用ください。

令和4年2月

執筆代表
一般社団法人 企業環境リスク解決機構
理事　兼　事務局長　子安 伸幸

産業廃棄物適正管理能力検定とは

産廃リスクから企業を守るため、担当者に必要な力量を

　日本で事業活動を営む企業であれば、必ず排出している産業廃棄物。廃棄物処理法をはじめとする複雑な規制に対応するためには、何よりも正しい知識が必要です。本検定は、産業廃棄物を排出する企業の担当者が知っておくべき知識を問う検定試験です。

試験要項

名称	産業廃棄物適正管理能力検定
主催	一般社団法人企業環境リスク解決機構（通称：ＣＥＲＳＩ、セルシ）
受験資格	年齢、性別、学歴、国籍を問わず、どなたでも受験できます。
出題範囲	最新の公式テキストの基礎知識と、それを理解した上での応用力を問います。 廃棄物、リサイクルに関わる内容については、公式テキスト外からも出題される可能性があります。
出題形式	多肢選択方式、正誤方式、及び記述方式　等
制限時間	90分
合否の判定	70％以上の得点率
受験料	8,500円＋消費税　※消費税は受験年度の税率となります。
試験会場	東京、大阪、名古屋、福岡など、全国の主要都市で実施します。
試験日	毎年、７月・12月の年２回実施
申込方法 お問合わせ先	ＣＥＲＳＩウェブサイトのフォームから申し込みください。 https://www.cersi.jp ご不明な場合、当機構に電話にてお問い合わせください。 03－6435－7747　検定担当（平日９:00〜18:00）

※試験要項は予告なく変更となる場合があります。
　最新情報はＣＥＲＳＩウェブサイト（https://www.cersi.jp）を確認ください。
※産業廃棄物適正管理能力検定の上級試験として、応用編コース（建設系コース／事業系コース）があります。
※新任担当者などを対象とした、本検定の準備段階とも言える検定試験として、動画講座と確認テストがすべてオンラインで完結する、同検定入門編があります。

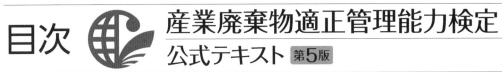

第2章　廃棄物に関するリスク

第3章　産業廃棄物の委託基準

第4章　廃棄物の処理基準

1．保管における基準

2．収集運搬における基準

第5章　廃棄物処理法で扱う廃棄物以外の規定と廃棄物処理法以外の規制や法令

COLUMN

　　本書は令和４年１月１日現在、施行されている法令等に対応しています（原則）。

■本文の構成について

その項目の要点を
一文でまとめています。

重要度
★★★…最重要
★★☆
★☆☆

産業廃棄物に係ることは都道府県又は政令市が管轄

3－2　都道府県又は政令市の役割

重要度
★★☆

　都道府県又は**政令市**はその事務として、廃棄物の処理計画を策定し、適正な処理の確保のために排出事業者や処理業者に対して、指導や行政処分を行います。廃棄物処理法に係る許可や認定等の付与についても、その多くは都道府県又は政令市が行います。

　そのため廃棄物の管理を行う中で、廃棄物の分類や種類の判断に迷うことがあった際は、基本的にその廃棄物を排出する区域を管轄する都道府県又は政令市に相談します。政令市は廃棄物処理法施行令で次のように規定されています。

施行令第27条第1項柱書（一部抜粋）
法に規定する都道府県知事の権限に属する事務のうち、次に掲げる事務以外の事務は、地方自治法（略）に規定する指定都市の長及び（略）中核市の長（以下この条において「指定都市の長等」という。）が行うこととする。

法令や通知などの引用部分
には、網掛けをしています

　つまり、**廃棄物処理法で定める政令市とは地方自治法に基づく政令指定都市と中**2年4月1日付で大牟田市は廃棄物処理法の政令市の指定を解除され、産業廃棄物に係る事務は、福岡県に移管されました。また、新たに茨城県水戸市及び大阪府吹田市が政令市になり、令和3年4月1日からは、長野県松本市、愛知県一宮市も指定されました。これにより、都道府県と政令市の合計は令和3年4月1日現在で、129自治体となります。

■凡例

法……廃棄物の処理及び清掃に関する法律

施行令……廃棄物の処理及び清掃に関する法律施行令

施行規則……廃棄物の処理及び清掃に関する法律施行規則

第 1 章

廃棄物処理法を知る

廃棄物処理法の目的と改正の背景

廃棄物の排出抑制と適正処理が目的の中心に

1－1　廃棄物処理法制定の背景と目的の変化

重要度
★☆☆

　廃棄物の処理については、**廃棄物の処理及び清掃に関する法律**（以下、「**廃棄物処理法**」）により、様々な基準や義務が定められています。廃棄物処理法は、昭和45年に前身の**清掃法**を改正することで制定されました。

　清掃法は、市街地における汚物の処理を主な対象とし、生活環境を清潔にすることにより、公衆衛生の向上を図ることを目的としていました。しかし、昭和30年代からの産業の発展、特に工業の発展に伴う工場などから排出される有害物質などによって、公害問題が深刻になり、清掃法の規定では解決できない状態となりました。

　これらの公害対策として、昭和42年に公害対策基本法が制定され、翌年には大気汚染防止法、騒音規制法が制定されました。昭和45年には、第64回臨時国会（いわゆる**公害国会**）で、廃棄物処理法も含めた14の公害関連法が制定又は改正されました。

■ 図表1－1　清掃法と廃棄物処理法制定時の概要

時期	廃棄物処理法に関わる動き
昭和29年	清掃法の制定 　主な目的：住民の居住環境を清潔に保ち、公衆衛生の向上を図る 　　　　　　※市街地における汚物の処理が中心
昭和45年	廃棄物処理法制定　※いわゆる公害国会にて ・廃棄物を一般廃棄物と産業廃棄物に大別 ・一般廃棄物について、処理責任は原則として市町村にある 　→市町村は処理計画を策定し、自ら又は民間業者に委託して処理 ・事業活動に伴って生じた廃棄物は一般廃棄物・産業廃棄物とも事業者に処理責任がある 　→産業廃棄物については、事業者自ら処理することを原則とする 　→処理委託する場合は、委託基準に従わなければならない ・不法投棄罪に対して5万円以下の罰金

　清掃法から廃棄物処理法へと改正され、初めて**一般廃棄物**と**産業廃棄物**の区分が導入され、**排出事業者責任**が明確に規定されました。

　その後、最終処分場のひっ迫や環境への意識の高まりもあり、平成3年の改正により、廃棄物の排出抑制や再生という用語が追加され、現在に至る廃棄物処理法の目的が定められました。

> **法第1条**
> この法律は、廃棄物の排出を抑制し、及び廃棄物の適正な分別、保管、収集、運搬、再生、処分等の処理をし、並びに生活環境を清潔にすることにより、生活環境の保全及び公衆衛生の向上を図ることを目的とする。

不適正処理が発覚するたびに改正を繰り返し続けている

1－2　制定後の改正の変遷

重要度
★★☆

　廃棄物処理法は、昭和45年の制定以降、改正を繰り返しています。以下に廃棄物処理法の主な改正の変遷をまとめます。現在の廃棄物処理法の規定の多くは、制定時に定められたものではありません。不適正処理の発覚、不法投棄の社会問題化、ダイオキシンやアスベスト（石綿）を例とする有害性が新たに判明した物質などに対応するために、改正が繰り返されてきたことが分かります。

■ 図表1－2　廃棄物処理法の主な改正の変遷

時期	廃棄物処理法に関わる動き
昭和51年	・一定規模の最終処分場の届出制度の開始 ・処理施設の技術上の基準を創設 ・産業廃棄物の最終処分場の3分類化（遮断型、管理型、安定型） ・処理業の許可基準を整備し、欠格要件を創設 ・許可業者等へ委託する産業廃棄物の委託基準の創設 ・不法投棄罪（一部を除く）について3ヵ月以下の懲役又は20万円以下の罰金に強化 ・委託基準違反に対する罰則の創設 ・措置命令の創設
平成3年	・廃棄物処理施設を届出制から許可制に変更し、使用前検査を創設 ・産業廃棄物処理業許可を収集運搬業と処分業に区分し、5年の更新制度を導入 ・特別管理産業廃棄物、特別管理一般廃棄物の区分を創設 　→排出する事業場ごとに特別管理産業廃棄物管理責任者の設置義務 　→産業廃棄物管理票（マニフェスト）制度を特別管理産業廃棄物に導入 ・書面による処理委託契約を義務付ける委託基準の強化 ・不法投棄罪（一部を除く）について6ヵ月以下の懲役又は50万円以下の罰金に強化
平成6年	・シュレッダーダスト等について、安定型最終処分場への埋立を禁止
平成9年	・焼却施設の許可対象施設を拡大し、ダイオキシンに関する基準を強化 ・すべての最終処分場を許可対象とする面積要件の廃止 ・処理施設の設置において、生活環境影響調査の実施を義務付け ・契約書の記載事項に処理料金の明示等を加える委託基準の強化 ・マニフェストの運用義務をすべての産業廃棄物の処理委託に義務化 ・電子マニフェストの創設 ・産業廃棄物の不法投棄罪について3年以下の懲役又は1,000万円以下の罰金に強化 　→法人両罰規定として、1億円以下の罰金
平成12年	・都道府県等による産業廃棄物の処理をその事務として行うことができることを明確化 ・産業廃棄物の多量排出事業者の処理計画策定・提出の義務化 ・委託基準の強化（契約書に許可証等の添付、処分契約に最終処分情報を記載するなど） ・最終処分の終了を中間処理業者が確認し管理票の写しを送付する仕組みに改正 　（マニフェストE票の追加） ・産業廃棄物の不法投棄罪について5年以下の懲役又は1,000万円以下の罰金に強化 ・排出事業者に対する措置命令の対象拡大（マニフェストの違反、注意義務違反）
平成13年	・1日当たり処理能力が5tを超える木くず又はがれき類の破砕機が処理施設の対象に ・動物系固形不要物を産業廃棄物に追加 ・委託契約書を契約終了日から5年間保存の義務化

平成15年	・処理業について、欠格要件に至った時などは許可を取り消さなければならないとした ・環境大臣広域認定制度の創設 ・不法投棄、不法焼却に対する未遂罪の創設 ・行政の権限強化（廃棄物である疑いのあるものについて報告徴収、立入検査）
平成16年	・産業廃棄物運搬時の規制強化（運搬車両の側面に表示、書面等の備え付けを義務付け） ・処理業者の優良性の判断に係る評価制度の創設
平成17年	・処理受託者によるマニフェスト記載項目の追加（受託者名称追加） ・処理受託者のマニフェスト保存を義務化 ・マニフェストに係る罰則の強化（6ヵ月以下の懲役又は50万円以下の罰金）
平成18年	・廃石綿、石綿含有産業廃棄物の処理基準を改正 ・処理委託契約書の記載事項の追加（廃棄物の性状等の変更の伝達方法について） ・産業廃棄物管理票交付等状況報告書の提出（マニフェストのみ、平成20年度から）
平成19年	・事業系一般廃棄物である木くずの区分見直し 　（物品賃貸業に係る木くず、貨物の流通のために使用したパレットが産業廃棄物に）
平成22年	・建設工事に伴い生ずる廃棄物について、元請業者が排出事業者となることを定める ・産業廃棄物を事業場の外で保管する際の事前届出制度の創設（建設業のみ） ・廃棄物処理施設に対し、定期検査を義務付け ・一定要件を満たす優良な処理業者に対して、許可の更新期間の特例を創設 ・廃石綿等について、固化、安定化後に二重に梱包するなどの埋立基準を明確化 ・産業廃棄物収集運搬業許可の合理化 　（基本的に都道府県の許可によって、その都道府県内の政令市での許可を不要とする） ・多量排出事業者の処理計画及び報告について様式を定め、インターネットで公表 ・処理業者が処理困難になった際に処理困難通知を行うこと等を定めた ・最大の法人両罰規定を1億円から3億円に引き上げ
平成29年	・水銀を含む廃棄物に関する区分を創設し、処理基準を強化した 　（廃水銀等、水銀含有ばいじん等、水銀使用製品産業廃棄物の区分を創設） ・電子マニフェストの一部義務化　※令和2年度から施行 　（PCB廃棄物を除いた特別管理産業廃棄物の多量排出事業者が対象と考える） ・親子会社間で処理業許可を有し処理委託している場合、認定により自ら処理と考えられる 　⇒第1章4－5 ・許可を失効した処理業者においても、処理困難通知を行うことを定めた ・雑品スクラップの保管届出を義務化し、特有の保管基準を定めた 　⇒第5章1－1 ・許可を失効した処理業者、雑品スクラップの保管業者も措置命令の対象とした ・マニフェストに関する罰則が「1年以下の懲役又は100万円以下の罰金」へと倍に強化 ・電子マニフェストの3日ルールに休日等を含まない緩和措置　※令和元年度から施行

　数多くの改正の中でも平成3年の改正はその後の廃棄物の扱いに大きな影響を与えるものでした。この改正で、マニフェスト制度が特別管理産業廃棄物に導入され、書面による産業廃棄物の委託契約が義務化されるなど、現在の産業廃棄物の処理委託に関する基準の基礎がつくられました。

　平成29年にも、平成22年改正の施行から5年が経過したことによる見直しを受けて、大きな法改正が行われています。平成29年改正は、多くの排出事業者が対応を改める必要がある改正とまでは言えませんが、マニフェストに関してさらに罰則が強化されるなど、規制は強化され続けています。

法律だけでなく、施行令と施行規則も見なければならない

1－3　法律・施行令・施行規則の関係

　産業廃棄物を処理する際の守るべき基準やルールは廃棄物処理法という法律の中で定められています。そのため、ここでは基本的な法律の読み方についてまとめます。

　廃棄物処理法に限らず、法令は一般的に「法律」「施行令」「施行規則」の3つから成ります。この3つはそれぞれ制定のされ方が異なり、改正を行うために必要な手続き等が異なります。

　「**法律**」は国会で制定されます。法律では、その法律の目的や各基準、ルール等の考え方や大まかな枠組みが定められています。

　「**施行令**」は内閣が出す命令です。法律で定められた基準やルールをより具体的に定めています。

　「**施行規則**」は各省庁の大臣が出す命令です。法律、施行令で定められた基準やルールについての内容や数値を具体的に定めています。

　このような関係から、ある法律に定められたルールについて確認しようとすると、法律だけを見ても具体的な内容が分からないということがほとんどです。次の表は、3つの関係とその具体例として、廃棄物処理法における産業廃棄物の処理委託契約に関する定めを抜粋しています。

■ 図表1－3　法律・施行令・施行規則の関係

区分	内容（具体例は産業廃棄物の処理委託契約の定めに関して）
法律 ＝国会で制定される （廃棄物処理法）	（事業者の処理） 第十二条 6　事業者は、前項の規定によりその産業廃棄物の運搬又は処分を委託する場合には、<u>政令で定める基準</u>に従わなければならない。
施行令 ＝内閣（政府）が出す命令 （廃棄物処理法施行令）	（事業者の産業廃棄物の運搬、処分等の委託の基準） 第六条の二　法第十二条第六項の政令で定める基準は、次のとおりとする。 四　委託契約は、書面により行い、当該委託契約書には、次に掲げる事項についての条項が含まれ、かつ、環境省令で定める書面が添付されていること イ　委託する産業廃棄物の種類及び数量 ……（中略）…… ヘ　<u>その他環境省令で定める事項</u>
施行規則 ＝各省庁の大臣が出す命令 （廃棄物処理法施行規則）	（委託契約に含まれるべき事項） 第八条の四の二　令第六条の二第四号ヘ（令第六条の十二第四号の規定によりその例によることとされる場合を含む。）の環境省令で定める事項は、次のとおりとする。 一　委託契約の有効期間 二　委託者が受託者に支払う料金 ……（後略）……

COLUMN.1 | 告示と通知・通達の違い

告示とは公の機関が必要な事項を広く知らせるために行う行為のことを言います。廃棄物処理法では「法律」「施行令」「施行規則」の３つを確認しても、まだ具体的な条件などが定まらない場合があります。それは法律の中で下記のように定められている場合です。

施行令第６条第１項第３号（一部抜粋）

イ　（略）

(6)　(1)から(5)までに掲げるもののほか、これらの産業廃棄物に準ずるものとして環境大臣が指定する産業廃棄物

条文の中で「法律」「施行令」「施行規則」とは別に改めて大臣が決めると定められている場合があります。このような定めがあるものは、法律とは別に環境大臣がその具体的な内容を決め、「告示」によって示されます。

上記の例で定められているのは、安定型埋立処分場に埋立てることのできない産業廃棄物の条件です。その条件の一つとして「環境大臣が指定する産業廃棄物」というものがあります。この具体的な内容は、施行規則ではなく、「廃棄物の処理及び清掃に関する法律施行令第六条第一項第三号イ(6)に掲げる安定型産業廃棄物として環境大臣が指定する産業廃棄物」という告示の中で示されています。このように法令の内容について示された告示は、実質的に法令と同様に捉える必要がある場合もあります。

一方、**通知・通達**は環境省などから都道府県知事等へ出される行政の内部文書です。実際に、様々な通知が環境省や各自治体のウェブサイトで公開されています。通知・通達には、事業者等に対する法的拘束力はありませんが、法令の趣旨や具体例、環境省としての法の解釈が示されおり、実務を行う上で非常に参考になります。また、都道府県等は指導などを行う際の基準として、通知・通達で示された考え方に従う場合がほとんどですので、法令だけでなく、公開されている通知・通達についても把握しておくことが望ましいと言えます。

産業廃棄物の排出状況の実態

　日本における産業廃棄物の排出状況や不法投棄の発生状況等は、環境省が調査・集計を行っており、毎年公表しています。ここでは環境省のデータに基づき、日本全国の産業廃棄物の排出状況と不法投棄の現状について確認します。

排出量は年間4億トン。約半分は再生利用されている

2－1　産業廃棄物の現状

重要度
★☆☆

　図表1－4は環境省「産業廃棄物排出・処理状況調査報告書」でまとめられている令和元年度の産業廃棄物処理の全体像です。産業廃棄物の排出量のうち、全体の79%の産業廃棄物は何らかの中間処理がされており、直接再生利用されるものは20%、直接最終処分されるものは残りの1%です。

■ 図表1－4　産業廃棄物の処理フロー（令和元年度実績）

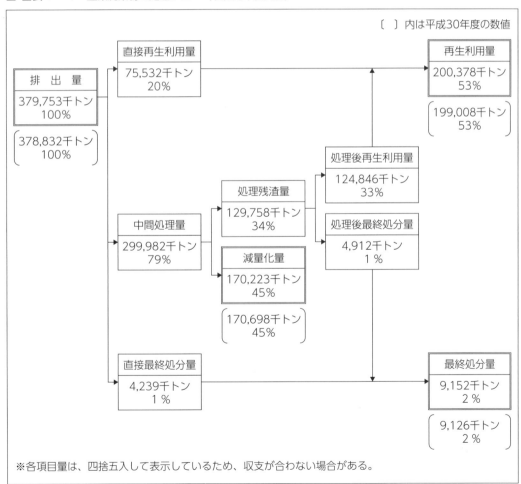

〔　〕内は平成30年度の数値

直接再生利用量 75,532千トン 20%		**再生利用量** 200,378千トン 53% 〔199,008千トン 53%〕
排出量 379,753千トン 100% 〔378,832千トン 100%〕		

処理後再生利用量　124,846千トン　33%

処理残渣量　129,758千トン　34%

処理後最終処分量　4,912千トン　1%

中間処理量　299,982千トン　79%

減量化量　170,223千トン　45%　〔170,698千トン　45%〕

直接最終処分量　4,239千トン　1%

最終処分量　9,152千トン　2%　〔9,126千トン　2%〕

※各項目量は、四捨五入して表示しているため、収支が合わない場合がある。

出典：環境省「産業廃棄物排出・処理状況調査報告書　令和元年度速報値（概要版）」

図表1－5のグラフは環境省の公表データをもとに、平成9年度以降の日本全国における産業廃棄物の排出量の推移を、処理方法別に表したものです。

■ 図表1－5　産業廃棄物の処理方法別排出量推移

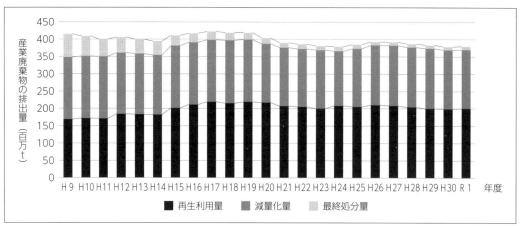

環境省「産業廃棄物排出・処理状況調査報告書　令和元年度速報値（概要版）」を基に作成

　図表1－5の通り、近年の日本の産業廃棄物の総排出量は、4億トン前後で推移しています。平成15年度以降、平成20年度に至るまで日本の産業廃棄物の総排出量は6年間連続で4億トンを上回っていましたが、平成21年度以降は4億トン以下に転じ、それ以降は4億トン未満で推移しています。

　また、処理方法別の内訳をみると、最終処分量がこの20年近くの間に大きく減少していることが分かります。平成9年度の時点で6,700万トンでしたが、平成15年度には3,000万トンと半分以下に、平成30年度以降、約900万トンと平成9年度の7分の1以下にまで減少しています。

　一方で、産業廃棄物の再生利用量は増加しています。産業廃棄物の再生利用量は平成9年度には1億6,900万トン程度でしたが、平成15年度以降は2億トン以上で推移しています。これに対して、減量化量は約1億7,000万トン前後で大きく変動していないため、平成12年度以降では再生利用量は減量化量をしのぎ、産業廃棄物の総排出量に占める割合が最も大きくなっています。

　図表 1 - 6 は排出された廃棄物の内訳についてまとめています。2 つのグラフは環境省の公表データをもとに、令和元年度の産業廃棄物の排出量に関して、業種別、種類別に内訳を表したものです。

■ 図表 1 - 6　産業廃棄物排出量の特徴（令和元年度）

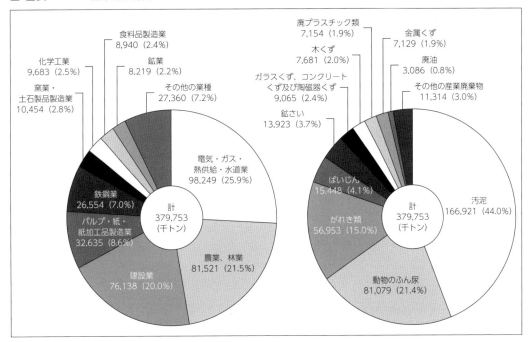

環境省「産業廃棄物排出・処理状況調査報告書　令和元年度速報値（概要版）」を基に作成

　業種別の内訳を見てみると、電気・ガス・熱供給・水道業が全体の25％以上を占めています。そして、農業・林業、建設業までの 3 業種で総排出量の70％近い産業廃棄物を排出していることが分かります。以下、パルプ・紙・紙加工品製造業、鉄鋼業、窯業・土石製品製造業、化学工業までで全体の90％近い割合を占めています。電気・ガス・熱供給・水道業からは主として汚泥が発生します。この大半は上下水道の処理工程から発生する汚泥となります。農業からは、畜産農業における動物のふん尿が多く発生し、建設業からは、がれき類と汚泥が多く発生します。

　種類別の内訳を見てみると、汚泥の排出量が最も大きく、これだけで総排出量の40％以上を占めています。次いで動物のふん尿、がれき類などの産業廃棄物の排出量が大きいことが分かります。

図表１－７は産業廃棄物の最終処分場（埋立処分場）の残存容量と残余年数を示したグラフです。残存容量とは最終処分場にあとどれだけ埋立てられる容量があるかを示す数値です。残余年数とは、残存容量を年間の最終処分量で割った数値であり、およそ何年で最終処分場が満杯になるかを示した数値です。

■ 図表１－７　最終処分場の残存容量と残余年数の推移

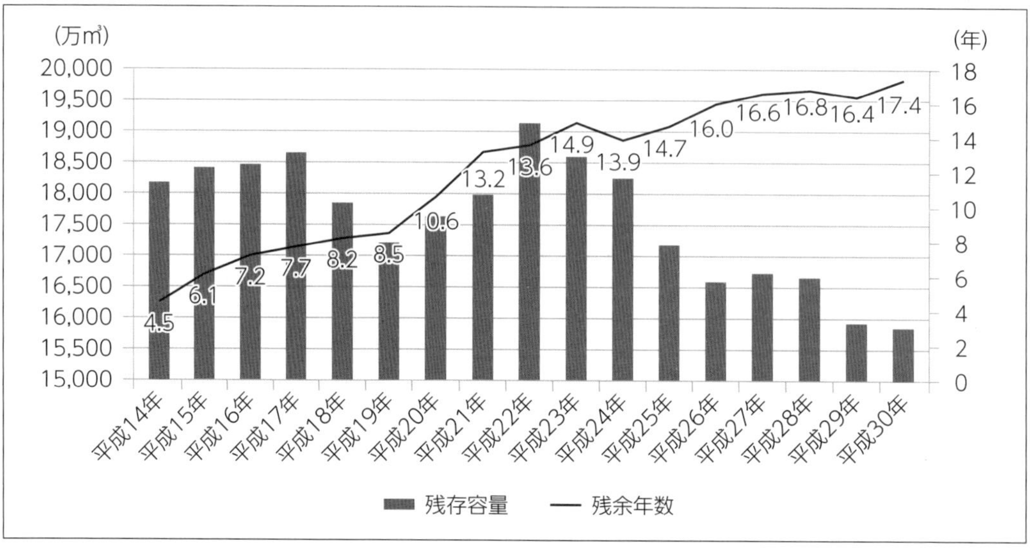

環境省「産業廃棄物処理施設の設置、産業廃棄物処理業の許可等に関する状況（平成30年度実績）」等 を基に作成

　平成14年の残余年数を見ると4.5年となっており、非常にひっ迫していたことが分かります。その後、残余年数が段々と増加している最も大きな要因は、産業廃棄物の最終処分量が減少したためです。また、残存容量はその年によって増減がありますが、特に、新規の最終処分場が作られた場合や既存の最終処分場が拡張工事を行った場合に残存容量は増加します。

　残余年数の推移だけを見ると、増加が続いており、特にひっ迫していないように見えますが、残存容量を見ると、増減はありつつも、平成22年以降は減少傾向にあります。最終処分場は、廃棄物を埋め立てる場所であるため、立地条件や周辺住民の理解を得ることが厳しく、新設することが難しくなっています。そのため、産業廃棄物の排出抑制と再資源化に取り組み、最終処分量を減らしていくことが非常に重要であると言えます。

不法投棄は発見までにも、解決までにも長い時間がかかる

2－2　過去に起きた大規模不法投棄事件

重要度
★★☆

　廃棄物処理法は、制定から今日に至るまで多くの改正がなされてきました。廃棄物処理法の改正は、不適正処理を無くし、適正な処理を確保するために行われています。そのため、規制強化の背景には常に、大規模な不適正処理があったと言えます。

　ここでは過去に実際に起こった不法投棄事件の中でも、その規模が非常に大きかった代表的な不法投棄事件について紹介します。

■ 図表 1 － 8　過去の大規模な不法投棄事件と概要

事件名	香川県豊島 不法投棄事件	青森・岩手県境 大規模不法投棄事件	岐阜市椿洞 不法投棄事件
場所	香川県豊島	青森・岩手県境	岐阜県岐阜市
発覚した年	平成 2 年	平成11年	平成16年
不法投棄量	約62万㎥	約87万㎥	75万㎥以上
主な品目	シュレッダーダスト 廃油 汚泥	廃プラスチック 医療系廃棄物 焼却灰	建設系廃棄物
経緯	昭和53年に有害産業廃棄物を自分の土地に持ち込み始め、埋立てや廃油をかけて野焼きするという行為が、平成 2 年末に検挙されるまで、13年間も続けられていた。令和 3 年10月、令和 4 年度末に廃棄物の撤去事業を終了するとの県と住民との合意がなされた。	産廃である汚泥や燃え殻からたい肥を生産するために中間処理場・最終処分場を整備するとして許可を得たが、実際には最終処分場を整備せず、その土地に不法投棄を続けた。	中間処理事業者が安値にて建設系産業廃棄物を受け入れ、敷地内の山林を切り開き不法投棄を続けた。

　このどれもが10年以上前に発覚した不法投棄事件ですが、中には今なお汚染の除去に至っていない事件もあります。

　青森・岩手県境の大規模不法投棄事件では、青森県に本社を持つ、中間処理と最終処分を行っていた処分業者によって総面積27ha（東京ドーム約 6 個分）に約87万㎥の廃棄物が**不法投棄**されました。この不法投棄を行った処分業者には、首都圏を中心に約 1 万2,000社の排出事業者が廃棄物を委託していたとされています。青森・岩手県境の大規模不法投棄事件の現場では、廃棄物等の全量撤去は完了しましたが、現場内の汚染地下水の浄化など、原状回復に向けた取組みが未だに行われています。

　規制強化が進められる中で、不適正処理や不法投棄の件数は減少しつつありますが、未だに悪質な不適正処理や不法投棄は無くなっておらず、また、その解決には非常に多くの時間と費用がかかります。排出事業者には、自ら排出した産業廃棄物の最終処分まで確実に完了する排出事業者責任が強く求められています。

現在も無くならない、解決に至らない不法投棄

2-3　産業廃棄物の不法投棄の現状

　次のグラフは、全国の都道府県及び政令市からのデータをもとに、環境省が産業廃棄物の不法投棄の情報について取りまとめたものです。平成5年度から平成12年度までは約40万トンの不法投棄量で推移していることが分かります。平成15年度には74.5万トンと大幅な増加がみられますが、これは岐阜県の岐阜市椿洞不法投棄事件の大量投棄が原因で、数年前から続けられていた不法投棄が、当該年度に発覚したためです。翌平成16年度の沼津市事案に関しても、同様に当該年度以前の不法投棄を含めた投棄量です。これらの大量不法投棄事件を除き、ここ数年の不法投棄量は減少傾向にあることが分かります。平成21年度以降になると不法投棄量は10万トンを大きく割り込むようになっており、平成30年度の不法投棄量は2.6万トンで平成5年度の10分の1以下になっています。また、不法投棄の発生件数も平成10年度の1,197件を頂点に減少傾向にあり、平成30年度の不法投棄件数は155件と、平成10年度と比べて7分の1以下にまで減少しています。

■ 図表1-9　不法投棄件数及び不法投棄量の推移

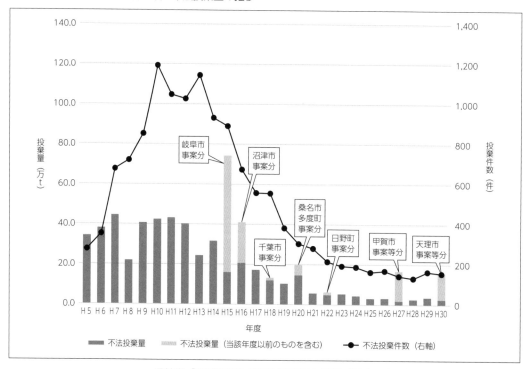

環境省「産業廃棄物の不法投棄等の状況（平成30年度）について」を基に作成

　環境省では10トン以上の不法投棄が発生した事案のうち、支障除去等措置が完了していない事案の件数及び投棄量を残存件数、残存量として取りまとめています。これによれば平成30年度末の時点で残存件数2,656件、残存量約1,561万トンが除去されずに残存し、うち現に支障が生じているもの、現に支障が生じるおそれのあるものは103件、693万トンに上るとしています。

COLUMN.2 | 処理業のビジネスモデルから見る不適正処理のメカニズム

　産業廃棄物の処理業は、一般的な製造業などとはそのビジネスモデルが大きく異なります。産業廃棄物の管理担当者はまず、この違いを理解しておかなければなりません。

■ 図表1－10　一般的な製造業と産業廃棄物処理業との違い

項目	製造業 〜つくる〜	産業廃棄物処理業 〜無くす〜
顧客の対象	消費者	排出事業者
客にとって	効用を生む製品（サービス）が提供される	利益を生まない不要物の処理
市場	自由競争　※共通している	
モノとお金の動き	顧客 → 事業者　¥　商品・サービス	排出事業者 → 処理業者　¥　廃棄物
判断基準	［商品の質・評価］［値段］を考慮して選択	［値段］のみが選択の要素となりやすい
コスト構造	原価（製造コスト）は取引前に必要に ＝「売れるものでないと原価が回収できない」	原価（処理コスト）は取引後に必要に ※特に中間処理の場合 ＝「集めれば集めるほど、売上は上がる」

　一般的な製造業のビジネスモデルでは、モノとお金が逆方向に動きます。そのため、利益を得るには買ってもらえるモノを作らなければなりません。当然、モノを作るためのコストは利益を得る前に発生します。つまり、企業として利益を得るためには、顧客が対価を払うに値するものを作らなければなりません。そのために、サービスの向上や業務の効率化などあらゆる工夫を行います。このように企業努力と企業利益が連動します。

　一方で産業廃棄物処理業のビジネスモデルの多くは、廃棄物を受け取る際に処理費用を受け取る、というようにモノとお金が同一方向に動きます。排出事業者（顧客）にとっては、不要なものにさらにお金をかけることになるため、費用の低さだけが選択の要素になりやすいと言えます。また、処理業者にとっての主なコストとは、処理の実施や処分後の残さの処理にかかる費用であり、処理費用をもらった後に発生します。そのため、**処理業者側からすれば、とりあえず集めれば（委託をたくさん受ければ）売り上げが上がり、排出事業者側からすると、質の高い処理を行っている処理業者よりも処理費用が安い業者であればどこでもよいという考えに陥りやすい構造**と言えます。

　もちろんすべての排出事業者、処理業者がこのように考えているわけではありませんが、ビジネスモデルとしてそのような考えに陥りやすい構造であるということは把握しておかなければなりません。

廃棄物処理に関わる立場と責務

廃棄物処理法は、「国内において生じた廃棄物は、なるべく国内において適正に処理されなければならない」（法第2条の2）としており、国民の責務として、廃棄物の排出抑制、再生品の使用や廃棄物の分別を通して、国や地方公共団体の施策に協力しなければならない、と定められています（法第2条の4）。

そして、国や地方公共団体、私たち事業者についてもそれぞれの立場での責務が定められています。

地方公共団体は一般廃棄物処理や産業廃棄物の指導等を行う

3−1　国及び地方公共団体の責務

重要度
★☆☆

廃棄物処理法は、国の責務として次の4点を定めています。

■ 図表1−11　国の責務（法第4条第3項）

①廃棄物に関する情報の収集、整理及び活用並びに廃棄物の処理に関する技術開発の推進を図ること
②国内における廃棄物の適正な処理に支障が生じないよう適切な措置を講ずること
③自治体に対し、地方公共団体の責務が十分に果たされるように必要な技術的及び財政的援助を与えること
④上記3点について広域的な見地からの調整を行うこと

その責務に対応するために、環境大臣は廃棄物の排出抑制や適正処理に関する基本方針を定め、**廃棄物処理施設整備計画**を5年ごとに策定しています。

一方で都道府県や市町村の地方公共団体の責務について次の4点を定めています。

■ 図表1−12　地方公共団体の責務（法第4条第1項、第2項）

①その区域内における一般廃棄物の減量に関し住民の自主的な活動の促進を図ること、及び一般廃棄物の適正な処理に必要な措置を講ずるよう努めること
②一般廃棄物の処理に関する事業の実施に当たっては、職員の資質の向上、施設の整備及び作業方法の改善を図る等その能率的な運営に努めること
③都道府県は、市町村に対し、前項の責務が十分に果たされるように必要な技術的援助を与えることに努める
④当該都道府県の区域内における産業廃棄物の状況を把握し、産業廃棄物の適正な処理が行なわれるように必要な措置を講ずることに努める

その責務に対応するために、都道府県は国の基本方針に則して、その区域内の廃棄物の減量や適正処理に関する「**都道府県廃棄物処理計画**」（法5条の5第1項）を策定・公表しています。

また、市町村はその処理の計画に従って、区域内の一般廃棄物を生活環境の保全上支障が生じないうちに収集運搬し、処分しなければなりません（法第6条の2第1項）。一般廃棄物の処理責任は基本的にその廃棄物が排出された区域の市町村が負います。

産業廃棄物に係ることは都道府県又は政令市が管轄

3－2　都道府県又は政令市の役割

　都道府県又は**政令市**はその事務として、廃棄物の処理計画を策定し、適正な処理の確保のために排出事業者や処理業者に対して、指導や行政処分を行います。廃棄物処理法に係る許可や認定等の付与についても、その多くは都道府県又は政令市が行います。

　そのため廃棄物の管理を行う中で、廃棄物の分類や種類の判断に迷うことがあった際は、基本的にその廃棄物を排出する区域を管轄する都道府県又は政令市に相談します。政令市は廃棄物処理法施行令で次のように規定されています。

> **施行令第27条第 1 項柱書（一部抜粋）**
> 法に規定する都道府県知事の権限に属する事務のうち、次に掲げる事務以外の事務は、地方自治法（略）に規定する指定都市の長及び（略）中核市の長（以下この条において「指定都市の長等」という。）が行うこととする。

　つまり、**廃棄物処理法で定める政令市とは地方自治法に基づく政令指定都市と中核市**です。令和2 年 4 月 1 日付で大牟田市は廃棄物処理法の政令市の指定を解除され、産業廃棄物の許可等に関する事務は、福岡県に移管されました。また、同年同日から茨城県水戸市及び大阪府吹田市が政令市になり、令和 3 年 4 月 1 日からは、長野県松本市、愛知県一宮市も指定されました。これにより、都道府県と政令市の合計は令和 3 年 4 月 1 日現在で、129自治体となります。

■ 図表 1 －13　廃棄物処理法における都道府県又は政令市（令和 3 年 4 月 1 日現在）

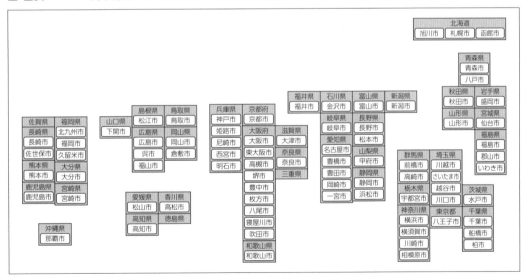

　政令市は都道府県と同様の事務をその区域内において管轄することになります。そのため、都道府県はその区域内のうち、政令市以外の部分を管轄します。

■ 図表 1 −14　都道府県の管轄する区域の考え方

A都道府県 a市　　b市	A都道府県の管轄する区域 ＝a市・b市以外の都道府県の区域 ※a市・b市は政令市

中核市でない市がいきなり政令指定都市になることは考えられないため、今後は**中核市が増える**ことで**廃棄物処理法における事務権限を持つ政令市も増える**ことになります。この都道府県又は政令市が増え続けるメカニズムは、産業廃棄物の管理を複雑にしている要因の一つと言えます。

都道府県又は政令市が増加することでその区域内で処理業を行う処理業者を許可する自治体が変わります。排出事業者としてはそういった委託先の許可の変更について把握する必要が生じます。

また、その**区域内における指導もその都道府県又は政令市が管轄**することになるため、例えばある廃棄物について一般廃棄物に該当するのか、産業廃棄物に該当するのか、産業廃棄物であれば排出事業者は誰か、該当する種類は何か、などの判断に迷った際に問い合わせる窓口も変わります。

同じ法律に基づくものなので、本来であれば全く異なる判断が出されることはないと言えるはずですが、実際には都道府県又は政令市によって異なった指導を受ける場合もあります。届出や報告書の様式が都道府県又は政令市によって異なっていたり、許可証の廃棄物の種類の表記が違っていたりということもあります。こういった違いは、国が本来果たすべき法律に定められた事務の一部を自治体が行うために生じます。このような事務は**法定受託事務**と呼ばれ、地方自治法で規定されています。自治体により異なった指導等があった場合には、原則として**その区域の管轄権限を持つ都道府県又は政令市の指導に従う**ことが望ましいと言えます。

さらに、都道府県又は政令市は廃棄物に関して廃棄物処理法の趣旨に反しない範囲で条例等を定めることができます。新しく政令市になった市は基本的に都道府県の条例に倣うことが多いとは言えますが、都道府県の条例とは違った基準を定めている政令市もあります。条例については「第5章2」でまとめます。

新たに中核市を目指す市の動向については、「中核市市長会」のウェブサイトの「中核市の情報」の中で中核市への移行を検討している都市が紹介されています。

■ 図表 1 −15　中核市市長会のウェブサイト

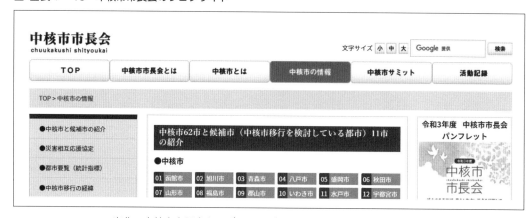

出典：中核市市長会ウェブサイト（https://www.chuukakushi.gr.jp/introduction/）

汚染者負担の原則に基づく排出事業者責任

3－3　事業者の責務

重要度
★★★

　清掃法が全面的に改正され、廃棄物処理法が制定された際に、事業者に対する廃棄物の処理責任が明確に規定されました。前身である清掃法は、家庭から排出される廃棄物を市町村が処理することを前提としており、当時急激に増大する産業系の廃棄物への対応には限界がありました。廃棄物処理法においては、排出事業者が負う責任である「適正に処理」の範囲は、排出した産業廃棄物の「発生から最終処分の終了まで」を指します。

法第 3 条第 1 項
事業者は、その事業活動に伴つて生じた廃棄物を自らの責任において適正に処理しなければならない。

法第11条第 1 項
事業者は、その産業廃棄物を自ら処理しなければならない。

法第12条第 7 項
事業者は、前二項の規定によりその産業廃棄物の運搬又は処分を委託する場合には、当該産業廃棄物の処理の状況に関する確認を行い、当該産業廃棄物について発生から最終処分が終了するまでの一連の処理の行程における処理が適正に行われるために必要な措置を講ずるように努めなければならない。

　廃棄物処理法では事業者が自ら処理することが規定されていますが、排出した産業廃棄物を自ら処理するいわゆる自社処理ができる事業者は非常に限られています。そのため、廃棄物処理法では産業廃棄物の処理を他人に委託することを認めています（法第12条第 5 項）。

　ただし、他人に委託する場合でも、その委託先が適正処理を確実に実行できるかを判断する責任は排出事業者にあり、事前の委託契約の締結やマニフェスト制度など、厳しい基準を守って委託しなければなりません。また、排出事業者には本来自ら処理すべきものを委託しているため、引渡した後にも本当に適正処理されたか確認する責任があります。

■ 図表 1 －16　産業廃棄物の排出事業者の責務

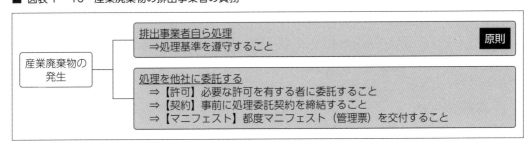

COLUMN.3 | 環境法規制の原則となる考え方

　様々な環境法令には原則となる考え方が取り入れられており、廃棄物処理法も例外ではありません。

　重要なのは、以下の3つの原則です。

■ 図表1-17　未然防止原則・予防原則・汚染者負担原則の考え方

原則	基本的な考え方
未然防止原則	※環境に脅威を与えることが科学的に証明されている物質や活動を、環境に影響を及ぼさないように未然に防止するという原則 未然防止原則を構成する3つの要素 ①危険防御：直接的に危険を防御する ②事前配慮：危険が発生する前にリスク回避若しくは提言を行う ③将来配慮：将来世代の活動に支障を生じさせないように生活形態を予見する
予防原則	※環境に悪影響を及ぼす可能性のある物質や活動を、疑わしさが強く推測される場合は、被害が生じる前に制限することができるという原則 予防原則の2つの特色 ①科学的に因果関係が証明されることを前提とせず適用 ②「深刻な、あるいは取り返しのつかない損害のおそれがある場合」に限って適用 （2000年、EU欧州共同体委員会が「予防原則に関する委員会からのコミュニケーション」として発表している原則）
汚染者負担原則	※「汚染浄化施設設置費用など、汚染防止に関する費用は、原因者が自ら負担する」ことをルール化した原則 （1972年、経済協力開発機構（OECD）が採択した「環境政策の国際経済面に関する指導原則の理事会勧告」で勧告された原則）

　未然防止原則と予防原則は、将来発生しうる環境への悪影響を防止するという考え方です。そして、予防原則は、科学的証明が不確実であっても、環境に悪影響を及ぼす可能性の高い物質や活動を規制するもので、科学的証明を要求する未然防止原則よりすすんだ考え方と言えます。

　他方、汚染者負担原則は、環境に対する責任に関する考え方です。OECD勧告では、汚染防止の費用の負担に主眼が置かれていましたが、日本では、汚染防止に加え原状回復や被害救済を包含するものとして捉えられています。また、汚染者負担原則をさらに深化させた考え方を「原因者負担原則」と呼ぶ場合があります。費用の負担だけでなく、原因者の行為についても責任を負わせることでより公平性が保てるという考え方です。日本の汚染者負担原則は「原因者負担原則」に置き換えて表現してもよいかもしれません。

　廃棄物処理法の排出事業者責任は、汚染者負担原則に基づくものとされています。

排出事業者とは

排出事業者は廃棄物を出した事業者

4－1　排出事業者とは誰か？

重要度
★★★

　産業廃棄物を処理する責任は排出事業者にあるため、産業廃棄物を適正に管理する上で「排出される廃棄物について誰が排出事業者であるか」ということが非常に重要になります。廃棄物処理法第3条第1項では、事業者は事業活動に伴って生じた廃棄物を自らの責任で処理しなければならないと規定していますが、多種多様な事業の形態がある中で、実際には排出事業者が曖昧になるケースもあります。2つの事例をもとに誰が排出事業者となるかの考え方について紹介します。

①OEM生産での製造者と販売者の例
　製造者ではなく販売者のブランドで市場に提供されるOEM製品の製造の際に、その過程で発生した廃棄物について処理する場合を想定します。

■ 図表1－18　OEM生産に伴って排出される廃棄物の例

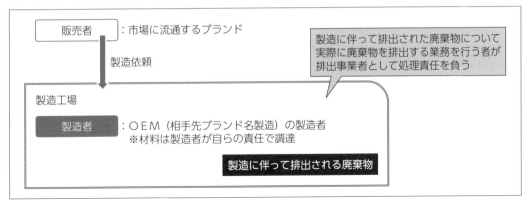

　廃棄物は製造者が製造する過程で発生していますが、その製造されるもののブランド自体は販売者のものです。発生する廃棄物の状態にもよりますが、その廃棄物には販売者のロゴや社名が残っていることがあります。このような場合、その販売者の社名等が入った廃棄物の排出事業者は、製造者と販売者のどちらと考えるべきでしょうか。

　排出事業者の考え方の原則は、実際に廃棄物を排出する業務を行っている者です。一般的なOEM製品の製造において、製造者が製品の完成までを責任を持って行い供給する場合、製造工程から排出される廃棄物の排出事業者は製造者となります。

　ただし、製造に必要な材料等を販売者（製造依頼者）が提供し、余った材料や製造工程で発生する端材等の所有権が販売者にある場合、製造に伴って排出されるものの廃棄の決定権は販売者にあると言えます。そのような場合は販売者が排出事業者となることも考えられます。

　また、製造者が排出事業者として処理委託を行う場合でも、万が一この廃棄物が製造者又は製造

者が委託した処理業者によって不適正処理されると、販売者のブランドイメージなどに被害が及ぶ可能性もあります。そのような場合には、あくまで廃棄物処理法における排出事業者は製造者であっても、不適正処理に巻き込まれるリスクを考えると、販売者も製造者の廃棄物管理について把握しておくことが望ましいと言えます。

②食品メーカーと倉庫業者の例

倉庫業者が提供する倉庫内で食品メーカーが製造した商品の保管を委託しており、販売市場の動向などから賞味期限切れの商品が発生し、廃棄物として処理する必要が生じる場合を想定します。

■ 図表1－19　賃貸倉庫から排出される賞味期限切れの食品廃棄物の例

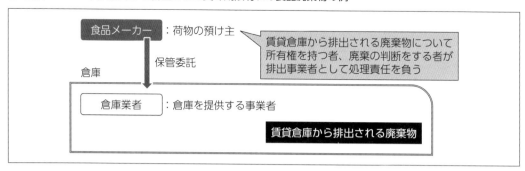

排出事業者とは「事業活動に伴って廃棄物を排出した事業者」です。この場合、廃棄物を排出した場所は倉庫業者の倉庫となります。一方で賞味期限が切れた製品の所有者は食品メーカーです。倉庫業者が場所の提供だけでなく、その製品の賞味期限等の管理まで請け負っていた場合、この廃棄物の排出事業者は食品メーカーか倉庫業者のどちらになると言えるでしょうか。

排出事業場は倉庫であり、倉庫業者が業務の一環として賞味期限等の管理も請け負っていたとしても、賞味期限が切れた製品を廃棄するか判断する権限は、製品の所有権を有する食品メーカーにあると言えます。そのため、このようなケースでは食品メーカーが排出事業者と考えます。

倉庫から製品であったものを処理委託する場合は、食品メーカーが排出事業者として、処理業者との契約やマニフェストの交付等の委託基準を守る義務が発生します。

排出事業者は誰か、ということについて、廃棄物処理法では事業活動にともなって廃棄物を排出した事業者としか定義されていません。排出事業者が曖昧になりそうな場合には、実際に廃棄物を排出する業務を行っている者を原則的な考え方とした上で、常識的に考えてその責任を有すると考えられる事業者が排出事業者となるべきです。

それでも曖昧になりそうな場合には、取引に係る契約書等で事前に処理責任の所在を明確にしておくことが望ましいと言えます。

COLUMN.4 ｜ 排出事業者の例外：下取り

　廃棄物の処理責任は、原則として一般廃棄物は市町村にあります。また、産業廃棄物は排出事業者にありますが、例外的に考える場合もあります。

　例えば、ガソリンスタンドで古いタイヤを、新しいタイヤと交換するという場合、古いタイヤを排出したのはタイヤを交換したお客様と言えます。この車が企業の営業車であれば、廃タイヤはその企業が排出事業者となる産業廃棄物と考えられますし、一般の人であればその廃タイヤは一般廃棄物と考えられます。

　そのため、廃棄物処理法の規定に従って考えた場合、そのガソリンスタンドが廃タイヤを受け取り、処理を行うには、一般廃棄物又は産業廃棄物の処理業許可が必要となり、産業廃棄物であれば、お客様は事前の契約やマニフェストの交付をその場で行わなければならないはずです。しかし、実際にはそのようなことはなく、お客様は単にタイヤの交換を行って、廃タイヤについてはそのガソリンスタンドが排出事業者として適正に処理を行うことが一般的です。

　このように、新しい商品を販売する際に、同種の製品で使用済みのものを無償で引き取るような「**下取り**」行為について、令和2年3月30日「産業廃棄物処理業及び特別管理産業廃棄物処理業並びに産業廃棄物処理施設の許可事務等の取扱いについて（通知）」（環循規発第2003301号）の中で、例外的に許可なしで行ってよいことが示されています。

　下取り後の製品が廃棄物となった場合には、下取りを行った事業者が排出事業者として適正に処理しなければなりません。

　また、この通知では下取り行為として4つの条件が示されています。

■ 図表 1 - 20　下取りとなる 4 つの条件

・新しい商品を販売する際に引き取ること
・引き取る製品は、販売する製品と同種の製品で使用済みであること
・商慣習として行われていること
・引取りは無償で行われること

　4つの条件のどれか一つでも該当しなかった場合、それは通知で示された下取りではないと判断されますので、引き取った不用品の運搬等には処理業の許可が必要と考えます。

　また、下取りされた製品をさらに別の業者が下取りを行うということは認められていません。その場合には、たとえ条件に該当していても、廃棄物の処理委託とみなされます。

建設工事に伴う産業廃棄物は元請業者が排出事業者となる

4－2　建設工事に伴って排出される産業廃棄物の排出事業者

重要度
★★☆

　廃棄物処理法では基本的に排出事業者は誰か、ということについて、具体的には定義されていないと紹介しましたが、平成22年の法改正で初めて、**建設工事に伴って排出される産業廃棄物について、「元請業者が排出事業者である」**と定義されました。

　建設工事の多くは「**重層下請構造**」と言われる事業形態をとります。一般的には、工事を依頼する発注者と工事契約を結ぶ者が元請業者であり、その工事全体を把握・管理します。そして、元請業者から発注を受けて解体工事や基礎工事、設備工事のような各作業を実際に行う下請業者、さらにその下の孫請業者……というように一つの工事に対して多くの事業者が関わることがあります。こういった構造を重層下請構造と呼びます。

　このような場合、建設工事全体を把握するのは元請業者ですが、実際に現場で作業をし、廃棄物を発生させるのは下請けや孫請けと言われる事業者になるため、法改正以前は、工事に伴って排出される廃棄物の処理責任が曖昧になりやすい構造となっていました。つまり、各自治体が行政指導や行政処分を行う相手方が不明確となり、これが、建設工事に伴い生ずる廃棄物の不法投棄や不適正処理の一つの要因となっていると考えられていました。

　改正以前にも環境省は通知（平成6年衛産第82号）により、原則は元請業者が排出事業者となるべきであるという考えを示していましたが、その考えを法律において明文化したものになります。平成22年の法改正によって、建設工事に伴って排出される廃棄物の排出事業者は発注者から直接建設工事を請け負った建設業を営む者（元請業者）とすることが法律に規定されました（法第21条の3第1項）。

■ 図表1－21　建設工事に伴い発生する廃棄物の排出事業者

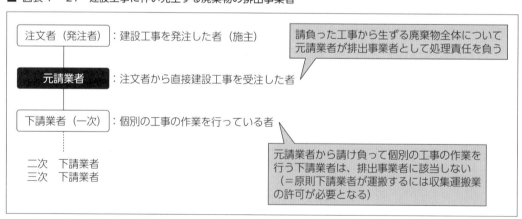

　一方、解体工事の際に建築物の所有者などが残置した家具や日用品など（これらを「残置物」という。）については、建設工事に伴い発生した廃棄物ではありません。解体工事に着手する以前から廃棄物であり、解体工事の発注者が該当する場合が想定される、建築物の所有者等が排出者となります。残置物の取扱いについて、環境省は平成30年6月22日「建築物の解体時等における残置物の取扱いについて（通知）」（環循適発第1806224号、環循規発第1806224号）で、正しい取扱いを徹底するよう示しています。

　建築物の解体に伴い生じた廃棄物（以下「解体物」という。）については、その処理責任は当該解体工事の発注者から直接当該解体工事を請け負った元請業者にある。一方、建築物の解体時に当該建築物の所有者等が残置した廃棄物（以下「残置物」という。）については、その処理責任は当該建築物の所有者等にある。このため、建築物の解体を行う際には、解体前に当該建築物の所有者等が残置物を適正に処理する必要がある。

　通知において、残置物が解体工事から発生した産業廃棄物（解体物）と合わせて処理される事例があることが指摘されていますが、その取扱いは適切ではありません。残置物と解体物は、そもそもそれぞれの処理に責任を負う、排出した者が異なるためです。

　残置物について、一般家庭である住宅から排出する場合には一般廃棄物となります。事業活動を行う者が排出する場合には、その種類や性状などから一般廃棄物又は産業廃棄物に該当すると考えるのは、産業廃棄物の定義の通りです。

　リフォーム工事など、建築物の全体を解体する工事でない場合においても、残置物の処理責任は建築物の所有者等にあることは同様です。

産業廃棄物の約60％が、1％弱の事業場から排出されている

4－3　多量排出事業者

　産業廃棄物を年間1,000トン以上排出する事業場は、産業廃棄物の排出事業場の1％弱と言われていますが、一方でその1％弱の事業場から排出される産業廃棄物の量は、全体の60％程度とも言われています。

　廃棄物処理法はその目的として、廃棄物の排出抑制と適正処理を掲げています。そのため、年間の産業廃棄物発生量が1,000トン以上（特別管理産業廃棄物の場合は50トン以上）の事業場を有する排出事業者を「**多量排出事業者**」と定め、その事業場ごとに産業廃棄物の減量等に関する処理計画をその事業場のある都道府県知事等へ提出することを義務付けています（法第12条第9項等）。

■ 図表1－22　多量排出事業者の判断基準

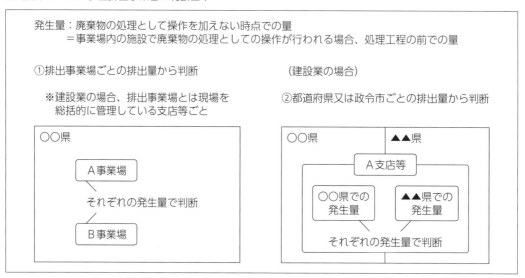

　多量排出事業者かどうかの判断基準となる発生量とは、廃棄物が発生した時点の何らの操作も加えていない量を指します。廃棄物が発生した後、排出事業場内で圧縮や脱水といった処理を行った場合は、その処理以前の発生量で判断します。

　また、産業廃棄物の場合は年間の発生量1,000トン以上、特別管理産業廃棄物の場合は年間の発生量50ｔ以上の排出事業場を有する者を多量排出事業者としていますが、産業廃棄物と特別管理産業廃棄物は別々に判断されます。提出書類も異なるため、両方で多量排出事業者に該当する場合は、産業廃棄物と特別管理産業廃棄物で別々に処理計画等を提出しなければなりません。

■ 図表 1 −23　多量排出事業者が提出する計画と報告

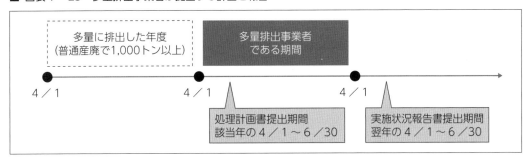

　多量排出事業者に該当した排出事業者は、6 月30日までに都道府県又は政令市へ**廃棄物処理計画書**を提出します。そして、翌年の 6 月30日までに計画書に対する**実施状況報告書**を提出しなければなりません。継続して多量排出事業者に該当した場合は、実施状況報告書だけではなく、その年の廃棄物処理計画書の提出も必要となります。

　多量排出事業者が廃棄物処理計画書や実施状況報告書の提出や報告を行わなかった場合、20万円以下の過料の対象となります。

4-4　排出事業者の単位

　廃棄物処理法では、事業者は廃棄物を自らの責任において適正に処理しなければならないとしています。この「事業者」は一般的に、法人、個人事業主、事業を営む任意団体を含むと考えられています。排出事業者に求められる責任や義務は、事業者ごとに定められているため、グループ会社や親子会社の関係にある場合でも、**法人格が異なる場合には別の事業者**とされます。

　同じ敷地内でグループ会社がそれぞれの事業を行い、敷地内の特定の場所に廃棄物を集めて処理業者へ委託するというのは、一般的な事業形態として考えられます。そのような場合、同じ処理業者に同じ保管場所から、同じような廃棄物を排出するからといって、グループの代表の企業が処理業者と契約し、委託を行うということは廃棄物処理法では認められません。

　逆に同一の法人であれば、複数の排出事業場であっても同じ処理業者に委託する場合、まとめて一つの契約書で委託契約を締結することができます。

　図表1-24の上段のように同じ敷地内で、別法人である場合、原則として法人ごとに契約は分けなければなりません。また、保管場所での産業廃棄物の保管方法も、どちらから排出された産業廃棄物か区別できるように保管し、処理業者への委託時もそれぞれがマニフェストを交付することが望ましいと言えます。

■ 図表1-24　排出事業者の単位の考え方

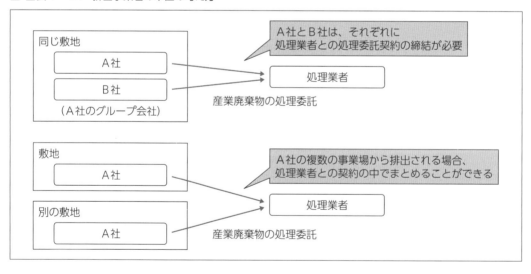

COLUMN.5 ｜ マニフェストの例外：保管場所の提供者がまとめて交付

　排出事業者は事業者単位が基本ですが、マニフェストの交付に関しては、特定の状況であれば、複数の事業者の廃棄物を一つの法人が代表してまとめて交付することが認められます。環境省は平成23年3月17日「産業廃棄物管理票制度の運用について（通知）」（環廃産発第110317001号）の中で、マニフェストの交付について次のように言及しています。

（一部抜粋）

2．管理票の交付　⑴　交付手続

（略）

② 　管理票の交付については、例えば農業協同組合、農業用廃プラスチック類の適正な処理の確保を目的とした協議会又は当該協議会を構成する市町村が農業者の排出する廃プラスチック類の集荷場所を提供する場合、ビルの管理者等が当該ビルの賃借人の産業廃棄物の集荷場所を提供する場合、自動車のディーラーが顧客である事業者の排出した使用済自動車の集荷場所を提供する場合のように、産業廃棄物を運搬受託者に引き渡すまでの集荷場所を事業者に提供しているという実態がある場合であって、当該産業廃棄物が適正に回収・処理されるシステムが確立している場合には、事業者の依頼を受けて、当該集荷場所の提供者が自らの名義において管理票の交付等の事務を行っても差し支えないこと。なお、この場合においても、処理責任は個々の事業者にあり、産業廃棄物の処理に係る委託契約は、事業者の名義において別途行わなければならないこと。

　つまり、各事業者が個別に契約を取り交わしており、適正に回収・処理されるシステムが確立していれば、排出事業者ではない保管場所を提供している事業者がマニフェストの交付を行ってもよいとしています。

4－5　親子会社間の自ら処理の認定

　平成29年法改正では、**親子会社間の自ら処理の認定制度**が創設されました。これは、ある法人が、グループ企業である別法人から排出された産業廃棄物について処理を行う際にも必要となる処理業許可について、認定を受けることによってグループ企業も共に排出事業者であるように捉え、自ら処理として許可不要と考えられるものです。

　しかし、この認定を活用する場面は、限定的になるでしょう。認定を受けるための条件を満たさなければならず、以下の3つの要素を踏まえても、認定を受けることにメリットがあるかどうかを判断する必要があります。

①いわゆる100％子会社であるか、それと同等の親子関係であることが条件

　この認定が認められるためには、一体的な経営を行う2以上の事業者であることが必要です。その基準として、100％の株式を保有していること、又はそれと同等の親子関係であると言える条件を満たさなければなりません。同等と言える条件として、グループ企業のうちの1社が、他のすべての企業について3分の2以上の株式を保有していること、業務を執行する役員を派遣していること、かつて同一の事業者として一体的に廃棄物の処理を行っていたことのすべてを満たす必要があります。

②グループ企業のうち、少なくとも1社は業許可が必要な程度の処理を行っている

　認定を受けるのは、グループ企業内で行う収集運搬又は処分が対象です。収集運搬又は処分については、業許可が必要となる程度の処理であり、単に保管のみを行い収集運搬又は処分のいずれも行わない場合は対象となりません。

③認定を受けるための申請の手間

　認定のためには、事業概要、一連の処理行程、定款、役員の氏名・住所などを含む申請書類の提出が必要となります。また、その処理が、複数の都道府県又は政令市にまたがる場合には、それぞれの区域を管轄する自治体に申請が必要となり、すべての自治体から認定を受ける必要があります。

　事業場内で処分施設を保有して、グループ企業が排出した廃棄物について処理を行う場合などにメリットがあることが想定できますが、多数のグループ企業から排出された廃棄物をすべて外部に処理委託している手間を省くようなメリットは想定されていません。

　またこの改正は、当然のことながら、グループ企業であってもそれぞれの法人の事業活動から排出された廃棄物については、それぞれの法人が排出事業者となることを、より明確にしたものとも言えます。

5 廃棄物とは

廃棄物かどうかは複数の要素から判断すべき

5－1　廃棄物の定義の基本的な考え方

法第 2 条では、「廃棄物」を図表 1 −25の通り定義しています。

■ 図表 1 −25　廃棄物の定義と、廃棄物処理法の対象外となるもの

廃棄物の定義	廃棄物処理法第 2 条第 1 項 ごみ、粗大ごみ、燃え殻、汚泥、ふん尿、廃油、廃酸、廃アルカリ、動物の死体その他の汚物又は不要物であって、固形状又は液状のもの（放射性物質及びこれによって汚染された物を除く）
廃棄物処理法の対象とならないもの	・有価物 ・気体状のもの ・放射性物質及びこれによって汚染された物 ・港湾、河川等のしゅんせつに伴って生ずる土砂その他これに類するもの ・漁業活動に伴って漁網にかかった水産動植物等であって、当該漁業活動を行った現場付近において排出したもの ・土砂及び専ら土地造成の目的となる土砂に準ずるもの ・他の法律で規制される廃棄物

昭和46年10月16日「廃棄物の処理及び清掃に関する法律の施行について」（環整第43号）を基に作成

　廃棄物処理法の対象は廃棄物であるため、廃棄物ではないものを運搬したり、加工したりすることについて廃棄物処理法の規制は適用されません。

　廃棄物管理担当者に最初に求められることは、排出するものが廃棄物であるかどうかの判断です。排出した者にとっては有価物として売却したものであっても、売却先で不法投棄などされると、その有価性が疑わしい場合には排出の段階から廃棄物であったと判断されることもあります。そのため、廃棄物かどうかの判断は適切に行わなければなりません。

　環境省は令和 3 年 4 月14日「行政処分の指針について（通知）」（環循規発第2104141号）の中で廃棄物かどうかの判断基準を示しています。

　廃棄物とは、占有者が自ら利用し、又は他人に有償で譲渡することができないために不要となったものをいい、これらに該当するか否かは、その物の性状、排出の状況、通常の取扱い形態、取引価値の有無及び占有者の意思等を総合的に勘案して判断すべきものであること。

　この「総合的に勘案して判断すべき」という考え方を**総合判断説**と言います。総合的に勘案すべき項目として、有価物と判断する基準を 5 つの主な視点で示しています。

■ 図表 1 －26　総合判断説の 5 つの主な視点

①物の性状	利用用途に要求される品質を満足し、かつ飛散、流出、悪臭の発生等の生活環境の保全上の支障が発生するおそれのないものであること
②排出の状況	排出が需要に沿った計画的なものであり、排出前や排出時に適切な保管や品質管理がなされていること
③通常の取扱い形態	製品としての市場が形成されており、廃棄物として処理されている事例が通常は認められないこと
④取引価値の有無	占有者と取引の相手方の間で有償譲渡がなされており、なおかつ客観的に見て当該取引に経済的合理性があること
⑤占有者の意思	客観的要素から社会通念上合理的に認定し得る占有者の意思として、適切に利用し若しくは他人に有償譲渡する意思が認められること、又は放置若しくは処分の意思が認められないこと

　これらのどれか一つの要素のみで廃棄物か有価物かを判断してはなりません。総合的に判断する必要があります。

　ここで総合的に「判断」を下すのは誰でしょうか。当然この判断を行うのは実務的には、排出事業者と言えます。排出事業者が廃棄物であると判断したものについて、廃棄物であると考え対応することに問題はないでしょう。

　一方、廃棄物と判断される要素がある場合に、廃棄物ではないと事業者が行った判断については、廃棄物として必要となる管理を逃れるための判断であったと指摘される可能性があります。その判断が正しいかどうかは、規制・指導する立場である都道府県又は政令市、あるいは訴訟になった際には裁判所が判断することになります。

COLUMN.6 | 家電リサイクル法対象4品目の廃棄物該当性

　廃棄物に該当するか否かは、総合的に判断することとされていますが、家電リサイクル法の対象となる特定家庭用機器については、その基準が平成24年3月19日「使用済家電製品の廃棄物該当性の判断について」（環廃企発第120319001号・環廃対発第120319001号・環廃産発第120319001号）に具体的に示されています。

2　使用済特定家庭用機器の廃棄物該当性の判断に当たっての基準について

(1)　(略)

　「小売業者による特定家庭用機器のリユース・リサイクル仕分け基準作成のためのガイドラインに関する報告書」（産業構造審議会・中央環境審議会合同会合、平成20年9月）のガイドラインA（別添）に照らしてリユース品としての市場性が認められない場合（年式が古い、通電しない、破損、リコール対象製品等）、又は、再使用の目的に適さない粗雑な取扱い（雨天時の幌無しトラックによる収集、野外保管、乱雑な積上げ等）がなされている場合は、当該使用済特定家庭用機器は廃棄物に該当するものと判断して差し支えないこと。

(2)　不用品回収業者が収集した使用済特定家庭用機器について、自ら又は資源回収業者等に引き渡し、飛散・流出を防止するための措置やフロン回収の措置等を講じずに廃棄物処理基準に適合しない方法によって分解、破壊等の処分を行っている場合は、脱法的な処分を目的としたものと判断されることから、占有者の主張する意思の内容によらず当該使用済特定家庭用機器は、排出者からの収集時点から廃棄物に該当するものと判断して差し支えないこと。

3　使用済特定家庭用機器以外の使用済家電製品の廃棄物該当性について

(略)

　これらについても、無料で引き取られる場合又は買い取られる場合であっても、直ちに有価物と判断されるべきではなく、廃棄物であることの疑いがあると判断できる場合には、その物の性状、排出の状況、通常の取扱い形態、取引価値の有無及び占有者の意思等を総合的に勘案し、積極的に廃棄物該当性を判断されたいこと

　このように、使用済特定家庭用機器（家電リサイクル法の対象4品目）は、市場性が認められない場合又は再使用の目的に適さない粗雑な取扱いがなされている場合は、廃棄物に該当します。また、使用済特定家庭用機器について、廃棄物処理基準に適合しない方法によって分解、破壊等の処分を行っている場合は、排出者からの収集時点から廃棄物に該当するものと判断します。使用済特定家庭用機器以外の使用済家電製品（家電リサイクル法の対象4品目以外）について、無料で引き取られる場合又は買い取られる場合であっても、総合的に勘案し、積極的に廃棄物該当性を判断する必要があるとされています。

5-2　廃棄物であるかどうかの判断事例

重要度
★★☆

「5-1」で廃棄物の基本的な定義についてまとめましたが、実務を行う上で判断に迷う場面はよくあります。ここでは法令の定義だけではなく、通知・通達や実際にあった事例などを通して、基本的な考え方を紹介します。

①おから裁判の例

「おから」が有価物であるかを争点とした訴訟に、「**おから裁判**」と言われる決定事例があります。

この裁判は豆腐等の製造過程で排出される「おから」について、廃棄物処理業の許可なく収集・運搬から乾燥処理まで請け負っていた業者が、廃棄物処理法違反（無許可営業）に当たるとして争われた裁判です。

被告人である業者は、食用あるいは飼料・肥料として利用されている資源であり、不要物ではないと主張しました。また、仮に産業廃棄物に該当するとしても、「おから」は食用や飼料・肥料等として、再生利用されているので、被告人は「専ら再生利用の目的となる産業廃棄物を収集若しくは運搬又は処分する者」に該当するので廃棄物処理法違反には当たらないと主張しました。それに対して裁判所は、廃棄物とは、占有者自らが利用するか他人に有償で売却することが出来ないため不要になったものを言い、不要になったものかどうかは総合的に判断するべき、としました。

裁判所は、おからは豆腐製造時に大量に発生するが、腐りやすいため、食用として取引される量もごくわずかな部分を除けば、大半は無償で牧畜業者に引き渡しあるいは有料で処理業者に処理が委託されており、被告人も料金を受け取っておからを収集運搬、処分していたことから、本件の「おから」は産業廃棄物に該当すると判断し、被告人は有罪となりました。

②売却益≦運搬費となる場合の考え方

物の取引だけを見ると有価で売却されているが、その売却先への運搬費用等にかかるコストを加味すると売却側が全体として経済的損失を被る状況を、**逆有償取引**と言っています。

■ 図表 1-27　売却益≦運搬費となる場合

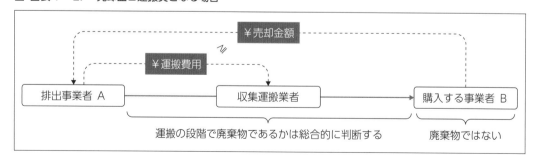

このような場合、排出物の取引に関する部分だけを見ると有価物（廃棄物ではない）のように思われますが、排出者Aにとって、その排出物は排出すればするほどコストがかかるという点では廃

棄物と同様です。

　このような逆有償での取引について、環境省は平成25年 3 月29日「『エネルギー分野における規制・制度改革に係る方針』（平成24年 4 月 3 日閣議決定）において平成24年度に講ずることとされた措置（廃棄物処理法の適用関係）について（通知）」（環廃産発第13032911号）の中で考え方を示しています。

> 産業廃棄物の占有者（排出事業者等）がその産業廃棄物を、再生利用又は電気、熱若しくはガスのエネルギー源として利用するために有償で譲り受ける者へ引渡す場合においては、引渡し側が輸送費を負担し、当該輸送費が売却代金を上回る場合等当該産業廃棄物の引渡しに係る事業全体において引渡し側に経済的損失が生じている場合であっても、少なくとも、再生利用又はエネルギー源として利用するために有償で譲り受ける者が占有者となった時点以降については、廃棄物に該当しないと判断しても差し支えないこと。

　この通知の中では「少なくとも、再生利用又はエネルギー源として利用するために有償で譲り受ける者が占有者となった時点以降については、廃棄物に該当しないと判断しても差し支えないこと」とあるように、売却先であるＢの施設に引き渡された時点からは有価物と判断してもよいとしています。一方で、排出者ＡからＢまでの運搬についての取扱いについては触れていません。

　そのため、排出者Ａの搬出からＢの施設までの運搬の際に廃棄物に該当するかどうかは総合判断説に基づいて判断しますが、一般的には運搬中は廃棄物として管理されることが多いと言えます。

　廃棄物と判断される場合、排出者ＡはＢの施設までの運搬を他人へ委託する際に廃棄物処理法における委託基準に従って、産業廃棄物であれば収集運搬の委託契約やマニフェストの交付等を行わなければなりません。しかし、Ｂの施設に引き渡されてからは有価物と考えられることから、Ｂとの処分契約や、マニフェストのやり取りは不要となります。

産業廃棄物に該当しないものは一般廃棄物

5−3　産業廃棄物と一般廃棄物の定義・区分

　私たちが排出するものが廃棄物である場合、排出の過程や排出されるものにより「一般廃棄物」と「産業廃棄物」の2つに大別され、さらに細かく分類されています。

■ 図表1−28　廃棄物の分類

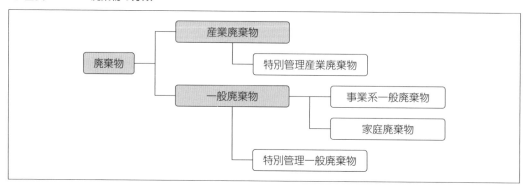

　一般廃棄物と産業廃棄物とでは処理の責任主体や処理基準などの規制が異なります。そのため、廃棄物がどちらに該当するか適切に判断できなければなりません。

　廃棄物処理法では、「産業廃棄物」について具体的に定義しています。

> **法第2条第4項（一部抜粋）**
> この法律において「産業廃棄物」とは、次に掲げる廃棄物をいう。
> 一　事業活動に伴つて生じた廃棄物のうち、燃え殻、汚泥、廃油、廃酸、廃アルカリ、廃プラスチック類その他政令で定める廃棄物
> 二　輸入された廃棄物（略）

　上記のとおり事業活動から生じた廃棄物であることが、産業廃棄物に該当する前提条件となります。ここで、「事業活動」とは、単に営利を目的とする企業活動にとどまらず、公共的事業をも含む広義のものをいいます。そのため、自治体の行政サービスや、NPO法人の事業はもちろん、法人格を持たない町内会のイベントも含まれます。第1号でいう「その他政令」ではさらに14種類の廃棄物が定められています。そのため、国内から排出される**産業廃棄物は事業活動に伴って排出される20種類の廃棄物**です。

　そして、「一般廃棄物」は**産業廃棄物以外の廃棄物**と定義されています。

> **法第2条第2項**
> この法律において「一般廃棄物」とは、産業廃棄物以外の廃棄物をいう。

COLUMN.7 店頭回収された廃ペットボトル等について

　廃棄物が一般廃棄物になるか産業廃棄物になるかの定義を確認しましたが、店頭で回収された廃ペットボトルの判断については、平成28年1月8日「店頭回収された廃ペットボトル等の再生利用の促進について」（環廃企発第1601085号・環廃対発第1601084号・環廃産発第1601084号）に次の通り、示されています。

2　小売販売を業として行う者が自ら処理を行う場合（廃ペットボトル等が産業廃棄物として扱われる場合）（一部抜粋）

（略）

(2)　事業活動性

　廃ペットボトル等については、そのリサイクル技術が確立し店頭回収等による回収ルートの多様化により再生利用促進が期待される状況に鑑み、本体事業がペットボトル及びプラスチック製の食品用トレイの販売事業である小売事業者が、当該製品の販売後に廃ペットボトル等の回収を行うことについて、以下の要件を充足する場合に限り、当該回収行為は事業活動と回収対象物に密接な関連性があるとして「事業活動の一環として行う付随的活動」であると認められ、廃棄物処理法第2条第4項第1号に規定する「事業活動」と解釈して差し支えない。ただし下記3に掲げる場合を除く。なお、「事業活動の一環として行う付随的活動」の解釈をむやみに拡げ、自社廃棄物と扱い得る範囲を拡大することは、許可制度の形骸化や不適正処理につながるおそれがあることから、廃ペットボトル等の店頭回収が「事業活動の一環として行う付随的活動」に該当するか否かについては、具体的な状況等に照らして適切に判断されたい。

①　主体　販売事業を行う者と同一の法人格を有する者が回収を行う場合に限られること。

②　対象　再生利用に適した廃ペットボトル等で、かつ、販売製品と化学的、物理学的に同一程度の性状を保っている廃ペットボトル等に限られること。再生利用に適した廃ペットボトル等であるか否かは、第2の2（2）個別指定の対象における記載を参照されたい。

③　回収の場所　販売事業を行う場所と近接した場所で回収が行われる場合に限られること。

④　管理意図及び管理能力　販売製品の販売から回収までの一連の行為について管理する意思があり、かつ適切な管理が可能であること。

⑤　一環性及び付随性　本体事業活動の便益向上を図るために、当該事業活動に密接に関連するものとして付随的かつ一環として行う行為に限られること。

（略）

上記2のような場合であっても、当該店頭回収が開始された当初から、市町村の一般廃棄物処理計画の下で当該市町村から一般廃棄物処理業の許可を受けている事業者と委託契約を締結し、廃ペットボトル等の処理が適正に行われている場合等においては、当該廃ペットボトル等について引き続き一般廃棄物として適正処理が継続されることを妨げるものではない。

店頭回収される廃ペットボトル等については、原則として購入者が排出した一般廃棄物になります。ただし、①主体、②対象、③回収の場所、④管理意図及び管理能力、⑤一環性及び付随性の五つの要件を満たす場合に限り、小売店の飲料品の販売という事業活動に伴って排出される産業廃棄物として判断されます。ただし、この場合でも従来より一般廃棄物として適正に処理されている場合は、引き続き一般廃棄物として適正処理を継続することができます。

同様に排出されている廃棄物であったとしても、一般廃棄物とも産業廃棄物とも判断される場合があり、それぞれ否定されないという事例です。

事業活動から排出されても産業廃棄物とならないものもある

5－4　産業廃棄物とは

重要度
★★★

　産業廃棄物について気を付けなければならないことは、事業活動に伴って排出された廃棄物がすべて産業廃棄物に区分されるわけではないということです。

　産業廃棄物となる20種類とは図表1－29の通りです。

■ 図表1－29　産業廃棄物の種類と具体例

種類	内容及び具体例
燃え殻	石炭がら、灰かす、焼却残灰、炉清掃排出物等
汚泥	排水処理後及び各種製造業の製造工程において生ずる泥状のもの
廃油	鉱物性油及び動植物性油脂等すべての廃油
廃酸	廃硫酸、廃塩酸等のすべての酸性廃液
廃アルカリ	廃ソーダ液等のすべてのアルカリ性廃液
廃プラスチック類	廃ポリウレタン、廃スチロール等すべての廃プラスチック
紙くず※	印刷くず、製本くず、裁断くず、建設現場から排出される紙くず等
木くず※	廃木材、おがくず、バーク、梱包材くず、板切れ、廃チップ等
繊維くず※	木綿くず、羊毛くず、麻くず、糸くず、ロープ等（天然の繊維以外は廃プラスチック類）
ゴムくず	天然ゴムくず（合成ゴムは廃プラスチック類）
金属くず	鉄くず、空きかん、スクラップ、ブリキ・トタンくず等
ガラスくず、コンクリートくず及び陶磁器くず	ガラス類、製造過程等から生じるコンクリートくず、陶器くず、レンガくず、石膏ボード等
鉱さい	電気炉等からの残さい、不良鉱石、粉灰かす等
がれき類	コンクリート破片、アスファルト破片、その他これに類する各種廃材
ばいじん	産業廃棄物焼却施設で生じるばいじんで、集じん施設によって集められたもの
動植物性残さ※	魚・獣のあら、ボイルかす、野菜くず、油かす等
動物系固形不要物※	と畜場で処分した獣畜、食鳥処理場で処理した食鳥等
動物のふん尿※	牛、馬、豚等のふん尿
動物の死体※	牛、馬、豚等の死体
13号廃棄物	産業廃棄物を処分するために処理したもので上記の産業廃棄物に該当しないもの（コンクリート固形物等）

図表1-29の種類で※が付いた7種類は特定の事業活動に伴って排出される場合のみ産業廃棄物に該当します。これらの種類は、特定の事業活動以外から排出されたものは一般廃棄物となるため、排出の状況により区分が分かれます。

7種類について指定されている特定の事業活動とは図表1-30の通りです。

■ 図表1-30　特定の事業活動に伴う場合だけ産業廃棄物となる種類

種類	具体例
紙くず	パルプ、紙又は紙加工品の製造業、新聞業（新聞巻取紙を使用して印刷発行を行うものに限る。）、出版業（印刷出版を行うものに限る。）、製本業及び印刷物加工業に係るもの
	建設業に係るもの（工作物の新築、改築又は除去に伴って生じたものに限る）
木くず	木材又は木製品の製造業（家具の製造業を含む）、パルプ製造業、輸入木材の卸売業及び物品賃貸業に係るもの
	建設業に係るもの（工作物の新築、改築又は除去に伴って生じたものに限る）
	貨物の流通のために使用したパレット（パレットへの貨物の積付けのために使用したこん包用の木材を含む）に係るもの
繊維くず	繊維工業（衣服その他の繊維製品製造業を除く）に係るもの
	建設業に係るもの（工作物の新築、改築又は除去に伴って生じたものに限る）
動植物性残さ	食料品製造業、医薬品製造業又は香料製造業において原料として使用した動物又は植物に係る固形状の不要物
動物系固形不要物	と畜場で処分した獣畜、食鳥処理場で処理した食鳥等
動物のふん尿	畜産農業に係るもの
動物の死体	畜産農業に係るもの

例えば、「動植物性残さ」であれば、食料品の製造工場などで、製造過程で排出される野菜や肉の切れ端は産業廃棄物ですが、レストランなどから排出される場合は特定の業種に該当しないので、同じ野菜などの切れ端でも一般廃棄物に該当します。

事業活動に伴って排出する廃棄物の中にも、レストランなどから出る食べ残しや、オフィスや病院から出る紙ごみなどのように、産業廃棄物ではなく一般廃棄物に分類されるものがあります。それらの事業活動に伴って排出される一般廃棄物は**事業系一般廃棄物**と言われます。法律の中では、一般廃棄物を家庭から排出されるものと企業から排出されるもので、用語を明確には分けていませんが、排出の過程が違うことから事業系一般廃棄物、**家庭廃棄物**と区別されています。

廃棄物として取り扱う際に非常に有害性の大きなものは、それぞれ「特別管理一般廃棄物」、「特別管理産業廃棄物」として、普通の一般廃棄物、産業廃棄物とは区別して、取扱いや処理方法が定められています。

COLUMN.8 | 産業廃棄物の20種類にはいろいろな呼び方がある？

　廃棄物処理法では事業活動に伴って排出される20種類（一部業種指定あり）の廃棄物を産業廃棄物と定義しています。そのため、産業廃棄物処理業の許可証などにも許可されている種類としてこれら20種類の名称が明記されます。しかし、許可証によってこの20種類の名称が異なる場合があります。これは20種類の呼び方が異なるだけで、内容に違いはありません。

　環境省の昭和46年10月25日「廃棄物の処理及び清掃に関する法律の運用に伴う留意事項について」（環整第45号）では、種類についての説明がされています。この中でも一部の種類は法律の条文で書かれた種類と異なる呼び方をしています。

■ 図表1−31　法律と通知で種類の表現に違いがあるもの（一部抜粋）

法律の条文での名称	通知での名称
動物又は植物に係る固形状の不要物	動植物性残さ
ガラスくず、コンクリートくず（工作物の新築、改築又は除去に伴つて生じたものを除く。）及び陶磁器くず	ガラスくず
工作物の新築、改築又は除去に伴つて生じたコンクリートの破片その他これに類する不要物	がれき類
動物のふん尿	家畜ふん尿
動物の死体	家畜の死体
ばいじん	ダスト類

　都道府県等が出す許可証の中でも、「ガラスくず、コンクリートくず（工作物の新築、改築又は除去に伴つて生じたものを除く。）及び陶磁器くず」を「ガラス陶磁器くず」や「ガラスくず等」と表現するなど様々です。これらはあくまで略称や別称のようなものであり、それぞれが示す産業廃棄物の種類は原則的には同じです。

COLUMN.9 総体として産業廃棄物？

　実際に廃棄物を管理していると廃棄物処理法で定める産業廃棄物の定義に該当するかどうか判断に迷うことはよくあります。その一つに、廃棄物が複合物である場合が考えられます。例えば、プラスチック製で一部に木製の部品が使われているものが廃棄物になった場合を想定してみましょう。

　廃棄物処理法の規定では、木くずは指定業種から排出された場合のみ産業廃棄物となり、その他は一般廃棄物となります。もしこの廃棄物の排出事業者が木くずの指定業種ではなく、木製の部品の分別が現実的に不可能な場合、産業廃棄物か一般廃棄物か判断に迷います。廃棄物処理法ではそのような場合の定めはありません。

　過去にこの想定と似たような事案に対する通知が出されました。平成14年3月8日「廃棄物の処理及び清掃に関する法律の適用上の疑義について」（環廃産第142号）です。

　この通知は、京都府内で発生した不適正処理事案に対する対処方法について、京都府からの疑義に対する環境省の回答文書です。

　使用済のパチンコ台（大部分は木枠が付けられたままのもの）数千台が倉庫に不法投棄されていた、という事案でした。京都府からこのパチンコ台について下記のように疑義が出され、それについて環境省は通知の中で「貴見のとおり解して差し支えない」という考えを示しました。

（一部抜粋）
問1　（略）当該物は、下記事項に照らし判断する限り、全体として法第二条第四項に規定する産業廃棄物に該当すると解してよいか。
（略）
・その他
　当該物は、構成素材から判断すると、木枠部分（事業系一般廃棄物）があるものの、総体として廃プラスチック類、金属くず、ガラスくず、コンクリートくず及び陶磁器くずの三種類の産業廃棄物に該当する。

　この通知はあくまで、京都府のこの事案に対する個別の回答であるため、必ずしもすべてに該当するものではありませんが、一部に一般廃棄物に該当するものが使用されている廃棄物について、総体として産業廃棄物と判断するという一例を示しています。

　このように、複数の種類から構成される複合物である廃棄物については、構成している種類一つひとつの混合物であると考えることが原則です。その上で、有害物質などを除く、以降の処理に支障がない程度の付着物については考慮せず、大部分を占める部分を指して「総体」として判断される場合もあります。

事業系一般廃棄物の処理責任は排出事業者にもある

5 - 5 　一般廃棄物とは

重要度
★★☆

　一般廃棄物の定義は産業廃棄物以外の廃棄物と定められています。

　一般廃棄物はさらに**家庭廃棄物**(家庭ごみ)と**事業系一般廃棄物**の2つに分けることができます。

　家庭廃棄物は事業活動を伴わずに排出される廃棄物、事業系一般廃棄物は事業活動に伴って排出された一般廃棄物を指します。

　法律の中ではこの2つの一般廃棄物について、特に厳密な区別はされていません。廃棄物処理法では一般廃棄物の処理について下記のように定められており、原則として市町村が行うこととされています。

法第6条の2第1項（一部抜粋）
市町村は、一般廃棄物処理計画に従つて、その区域内における一般廃棄物を生活環境の保全上支障が生じないうちに収集し、これを運搬し、及び処分（略）しなければならない。

　一方で、法第3条第1項で事業者は事業活動に伴って排出した廃棄物は自らの責任で適正に処理しなければならないと定めているように、事業系一般廃棄物について排出事業者が自らの責任で適正に処理を行うことが求められています。

法第3条第1項
事業者は、その事業活動に伴つて生じた廃棄物を自らの責任において適正に処理しなければならない。

法第6条の2第6項
事業者は、（略）その一般廃棄物の運搬又は処分を他人に委託する場合には、その運搬については（略）一般廃棄物収集運搬業者その他環境省令で定める者に、その処分については同項に規定する一般廃棄物処分業者その他環境省令で定める者にそれぞれ委託しなければならない。

法第6条の2第7項
事業者は、前項の規定によりその一般廃棄物の運搬又は処分を委託する場合には、政令で定める基準に従わなければならない。

　事業系一般廃棄物については、地域によって家庭ごみと同様に市町村が受け入れて処理しているところもありますが、あくまで排出事業者責任で委託基準を守って処理することが求められます。

　事業系一般廃棄物の委託基準は、委託しようとする一般廃棄物が処理業者の事業の範囲に含まれるものに委託することとされています。

施行令第4条の4第1号
他人の一般廃棄物の運搬又は処分若しくは再生を業として行うことができる者であつて、委託しようとする一般廃棄物の運搬又は処分若しくは再生がその事業の範囲に含まれるものに委託すること。

一般廃棄物の処理では、書面による契約の締結やマニフェストの交付について定められていません。

■ 図表 1−32　事業系一般廃棄物と産業廃棄物の違い

区分	処理責任	代表的な委託先	委託時の基準
事業系 一般廃棄物	排出事業者	市町村 一般廃棄物処理業許可を持つ業者	・許可の範囲で委託する
産業廃棄物		産業廃棄物処理業許可を持つ業者	・許可の範囲で委託する ・マニフェストの交付 ・書面による契約の締結　等

COLUMN.10 | あわせ産廃

　市町村は基本的に一般廃棄物の処理を行いますが、それとあわせて産業廃棄物の処理を行うこともできます。

法第11条第 2 項
市町村は、単独に又は共同して、一般廃棄物とあわせて処理することができる産業廃棄物その他市町村が処理することが必要であると認める産業廃棄物の処理をその事務として行なうことができる。

法第11条第 3 項
都道府県は、産業廃棄物の適正な処理を確保するために都道府県が処理することが必要であると認める産業廃棄物の処理をその事務として行うことができる。

　このように市町村が一般廃棄物とあわせて産業廃棄物を処理することを一般的に「**あわせ産廃**」又は「**あわせ産廃処理**」と言います。

　オフィスなどから出る廃棄物の多くは紙など一般廃棄物に分類されるものが多いですが、クリアファイルやペンなどプラスチック製のものは廃プラスチック類として産業廃棄物に該当します。これらのプラスチック製の廃棄物は一般廃棄物としても家庭から排出されるため、市町村でも処理することは可能です。

　あわせ産廃という規定は、市町村等は産業廃棄物の処理を行うことが「できる」だけであって、必ずしなければならないというものではありません。そのため、地域によっては一般廃棄物と同様の性質の産業廃棄物であっても受け入れを一切行っていないところもあります。

　また、市町村で処理をする場合であっても、あくまで産業廃棄物ですので、排出事業者は委託基準を守って委託をしなければなりません。そのため、市町村へあわせ産廃として処理を委託する際に、事前に委託契約を書面で結ぶことは、排出事業者が守らなければならない委託基準です。ただし、都道府県等へ処理を委託する場合、都道府県等は処理業の許可が不要であり、都道府県等へのマニフェストの交付も不要となる特例が定められています（施行規則第 8 条の19）。

　一般廃棄物と同じものだからといって、オフィスから出る廃棄物を一般廃棄物として排出することや、行政への委託だからといって事前の契約を行わないことは、廃棄物処理法違反と判断されます。

COLUMN.11 | 特別管理産業廃棄物処理業許可をもって特別管理一般廃棄物の処理ができる場合

　感染性廃棄物、廃水銀等、ばいじんについては、特別管理産業廃棄物収集運搬業又は特別管理産業廃棄物処分業の許可で、それぞれの特別管理一般廃棄物の収集・運搬又は処分を行うことができます。

法第14条の4第17項

特別管理産業廃棄物収集運搬業者、特別管理産業廃棄物処分業者その他環境省令で定める者は、第7条第1項又は第6項の規定にかかわらず、環境省令で定めるところにより、特別管理一般廃棄物の収集若しくは運搬又は処分の業を行うことができる。この場合において、これらの者は、特別管理一般廃棄物処理基準に従い、特別管理一般廃棄物の収集若しくは運搬又は処分を行わなければならない。

施行規則第10条の20（一部抜粋）

（特別管理一般廃棄物の収集若しくは運搬又は処分を業として行うことができる場合）
法第14条の4第17項の環境省令で定める者は、次のとおりとする。
（略）
2　特別管理産業廃棄物収集運搬業者、特別管理産業廃棄物処分業者及び前項に掲げる者のうち、感染性産業廃棄物の収集又は運搬を行う者は感染性一般廃棄物の収集又は運搬を、感染性産業廃棄物の処分を行う者は感染性一般廃棄物の処分を、特別管理産業廃棄物である廃水銀等の収集又は運搬を行う者は特別管理一般廃棄物である廃水銀の収集又は運搬を、特別管理産業廃棄物である廃水銀等の処分を行う者は特別管理一般廃棄物である廃水銀の処分を、特別管理産業廃棄物であるばいじんの収集又は運搬を行う者は特別管理一般廃棄物であるばいじんの収集又は運搬を、特別管理産業廃棄物であるばいじんの処分を行う者は特別管理一般廃棄物であるばいじんの処分を、それぞれ行うことができる。

　特別管理一般廃棄物は、①感染性廃棄物、②PCB廃棄物、③ばいじん等、④廃水銀の4つと言えます。法では分類はありますが、許可制度は定められていません。これは排出場所が限定されていたり、市町村が処理したりと、わざわざ許可制にする必要がないためです。このため、PCB廃棄物以外は、特別管理産業廃棄物処理業の許可で処理できることが定められています。

普通の産業廃棄物とは別のさらに厳しい基準が定められる

5－6　特別管理産業廃棄物

　廃棄物の中には通常の廃棄物と同じように扱うと人の健康や環境へ被害を生じるおそれのあるものもあります。廃棄物処理法では爆発性、毒性、感染性その他の人の健康又は生活環境に係る被害を生ずるおそれがある性質を有する産業廃棄物や一般廃棄物を「**特別管理産業廃棄物**」、「**特別管理一般廃棄物**」と定めています（法第2条第3項、法第2条第5項）。

■ 図表 1 －33　産業廃棄物と特別管理産業廃棄物の関係図

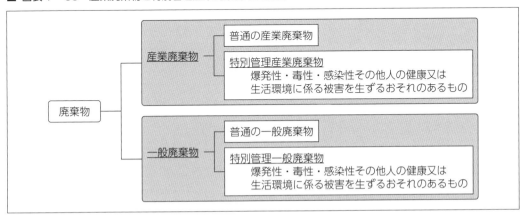

　特別管理廃棄物とそうではない廃棄物とを区別するために、特別管理廃棄物ではない廃棄物を普通産業廃棄物、普通一般廃棄物と呼ぶことがあります。特別管理産業廃棄物に分類される危険性の高い廃棄物について、廃棄物処理法では細かく基準を定めています。

■ 図表 1 －34　主な特別管理産業廃棄物の種類

種類		説明
燃焼性の廃油		揮発油類、灯油類、軽油類
腐食性の廃酸、廃アルカリ		pH値が2.0以下の廃酸、12.5以上の廃アルカリ
感染性産業廃棄物		医療機関等で発生した、感染のおそれのある廃棄物
特定有害産業廃棄物	ＰＣＢ廃棄物	ＰＣＢが含有、又は付着している廃棄物など
	廃石綿等	石綿が飛散するおそれのある廃棄物（吹き付け石綿の除去物など）
	廃水銀等	特定施設から排出される廃水銀又は廃水銀化合物など
	有害金属等を含む産業廃棄物	特定施設で生じた、有害金属等が基準に適合しない鉱さい・ばいじん・燃え殻・汚泥・廃酸・廃アルカリなど

　具体的には燃焼性のある灯油などの引火点が70℃以下の廃油、ｐH2.0以下の廃酸、感染性廃棄物、ＰＣＢ廃棄物、廃石綿等、などがあります。特別管理産業廃棄物は、排出から処理が終了するまでの間、特に注意して取り扱う必要があり、普通の産業廃棄物とは処理基準が異なります。

5−7　特別管理産業廃棄物管理責任者の設置

　特別管理産業廃棄物の生ずる事業場を設置している排出事業者には、その事業場ごとに**特別管理産業廃棄物管理責任者**の設置が義務付けられています（法第12条の２第８項）。

　特別管理産業廃棄物管理責任者は、廃棄物処理法で規定される資格を有する者でなければなりません。また、その資格は感染性産業廃棄物を生じる事業場とそれ以外とで要件が異なります。

■ 図表１−35　感染性産業廃棄物を生ずる事業場（施行規則第８条の17第１項第１号）

	資格（学校区分）	課程	要件
イ	医師、歯科医師、薬剤師、獣医師、保健師、助産師、看護師、臨床検査技師、衛生検査技師、歯科衛生士	－	－
ロ	環境衛生指導員	－	２年以上
ハ	大学、高専	医学、薬学、保健学、衛生学、獣医学	卒業した者
	これと同等以上の知識を有すると認められる者		

■ 図表１−36　それ以外の特別管理産業廃棄物を生ずる事業場（施行規則第８条の17第１項第２号）

	資格（学校区分）	課程	科目	要件
イ	環境衛生指導員	－	－	２年以上
ロ	大学	理学、薬学、工学、農学	衛生工学、化学工学	卒業後２年以上の実務経験
ハ		理学、薬学、工学、農学又は相当課程	衛生工学、化学工学以外	卒業後３年以上の実務経験
ニ	短期大学、高専	理学、薬学、工学、農学又は相当課程	衛生工学、化学工学	卒業後４年以上の実務経験
ホ			衛生工学、化学工学以外	卒業後５年以上の実務経験
ヘ	高校、中等教育	－	土木科、化学科又は相当学科	卒業後６年以上の実務経験
ト			理学、工学、農学又は相当科目	卒業後７年以上の実務経験
チ	上記以外の者	－	－	10年以上の実務経験
リ	上記の者と同等以上の知識を有すると認められる者			

　図表１−36の要件で実務経験とは廃棄物の処理に関する技術上の実務に従事した経験とされています。また、多くの都道府県等では、図表１−35のハの要件と、図表１−36のリの要件として、公益財団法人日本産業廃棄物処理振興センター（ＪＷセンター）が主催する講習会の修了者を「知識を有する者」と認めています。一部の都道府県又は政令市では、条例で設置した特別管理産業廃棄物管理責任者について届出する義務を定めています。

知っておくべき廃棄物に関する用語

　廃棄物の管理を行っていると「処理」や「処分」のようによく似た用語がいろいろなところで使用されていることに気づきます。廃棄物処理法ではこれらのような似た用語も区別して使用されているため、廃棄物の適正な管理を行う上で、用語は正確に理解し、使い分けなければなりません。

「処理」と「処分」は意味する範囲が違う

6-1　誤解が違反につながる廃棄物用語

重要度
★★☆

　私たちは「処理」や「処分」といった言葉を日常の中や、廃棄物管理に係わらない一般の業務の中でも使っています。そして、そのような日常の中で使用する際のこれらの用語を特に意識して使い分けている人は少ないでしょう。しかし、廃棄物の管理を行う上では、使用するこれらの用語は、意識的に区別して正確に使い分けなければなりません。なぜなら、廃棄物処理法の法律の中では「処理」と「処分」とで指す意味や範囲が異なるからです。

■ 図表 1 -37　廃棄物に関する用語の関係性

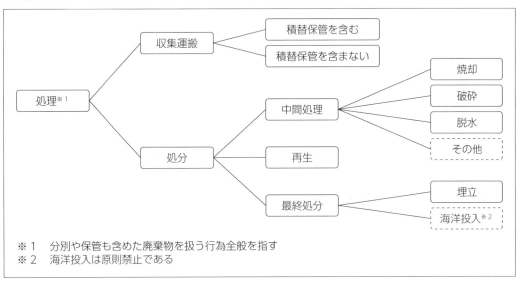

　「**処理**」とは廃棄物を扱う行為全般を指します。そのため、産業廃棄物の収集運搬業者や処分業者をまとめて処理業者と呼びます。廃棄物を処理する、と言った際に、その内容は大きく 2 つに分けることができます。それは、「収集運搬」と「処分」です。

　「**収集運搬**」とは、文字通り廃棄物を収集又は運搬する行為を指します。図表 1 -37にある通り、「積替保管」は収集運搬に当たります。積替保管を行う際は、廃棄物を一度積替保管施設に搬入することから、積替保管は処分の一種であると誤解されることがあります。

　「**処分**」とは、廃棄物を物理的、化学的又は生物学的な手段によって形態、外観、内容等について変化させることを言います。処分の具体的な方法などについては「第 4 章 3 - 3 、 3 - 4 」でま

とめています。処分は大きく中間処理と最終処分に分けることができます。

「**中間処理**」とは、廃棄物を最終処分や再生するまでの途中で行う処分であり、焼却や破砕など様々な方法があります。

「**最終処分**」とは、処理の最終工程です。一般的には埋立処分がこれに当たります。海洋投入処分も最終処分に該当しますが、廃棄物処理法では原則禁止とされています。処理の最終工程としては、「再生」も同様と言えます。そのため、最終処分という言葉は、埋立処分のみを指す場合と、再生を含めた意味で使われる場合があります。

「**再生**」とは、廃棄物を処分することで他産業の原材料として提供できるようにする処分を指します。例えば、木くずを破砕しチップ状にすることで、パーチクルボードの原材料として売却できるようにする、などの場合の破砕は再生に当たります。処理業許可証の記載では中間処理と区別されずに「事業区分：中間処理」などの記載がされます。

「中間処理」や「最終処分」という言葉が使われた場合に、その言葉の中に「再生」が含まれているかどうかは注意して確認しなければなりません。

■ 図表1－38　廃棄物処理の流れを示す用語の意味

用語	意味	備考
処理	廃棄物を扱う行為全般	「収集運搬」＋「処分」
処分	廃棄物を物理的、化学的又は生物学的な手段によって形態、外観、内容等について変化させること	「中間処理」＋「最終処分」
収集運搬	廃棄物を収集し、運ぶ行為	「処理」に含まれる
積替保管	収集運搬の行為の過程で廃棄物を一時的に保管又は積替える行為	積替保管は収集運搬であって、処分ではない
中間処理	廃棄物を最終処分や再生するまでの途中で行う処分	焼却、破砕、中和、脱水など様々な方法がある
再生	他産業の原材料として提供できるようにする処分（再資源化）	「最終処分」と同様にみなされる
最終処分	処理の最終工程	埋立又は海洋投入処分。「再生」を含む場合もある

これらの用語の使い分けに特に気を付けなければいけないのが契約書を作成するときです。契約書には法律で様々な記載事項が定められています。記載事項の中で、「処分の方法」や「最終処分の場所」などの項目があります。再生することで有用物となり売却されるといった処理フローで、最終処分先に売却先の情報が記入されている、積替保管を行う処理フローで中間処理の場所に積替保管施設の情報が記載されているといった間違いがあります。

再生後、有用物として売却される場合は売却先が最終処分の場所ではなく、その再生を行う施設が最終処分場所となります。これらの用語を間違って認識していると、契約書の記載事項に不備が生じるなどのリスクにつながります。

第 **2** 章

廃棄物に関するリスク

法令違反に対する厳しい罰則規定

廃棄物処理法における排出事業者にとってのリスクは大きく分けて2つあります。

■ 図表2−1　排出事業者のリスク

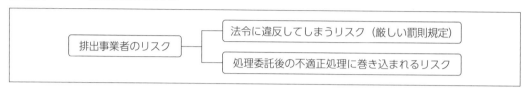

これらのリスクは廃棄物を排出する限り常に存在し続けます。そして、一度そのリスクが顕在化するとその1回で会社が傾くほどの大きなリスクとなる可能性があります。産業廃棄物の管理担当者の業務は、処理にかかるコスト管理もさることながら、これらの潜在的なリスクを認識し、いかに小さくしていくかということが重要です。そのためには、まず排出事業者としてのリスクがどういったものかを知ることが大切と言えます。

廃棄物処理法は環境関連法令の中でも最も厳しい法律

1−1　一つ目のリスク「法令に違反してしまうリスク」

重要度
★★★

廃棄物処理法にはそのルールに違反した者に対する罰則が規定されています。罰則規定は基本的にどのような法令にも定められていますが、廃棄物処理法はその罰則の内容が環境関連法令の中でも特に厳しい法律と言われています。

■ 図表2−2　その他の環境関連法令との最高の罰則の比較

法令	最高の罰則の内容（※法人両罰規定）
廃棄物処理法 （第25条、第32条）	5年以下の懲役若しくは1,000万円以下の罰金、又はその併科 法人に対して最大3億円の罰金※
大気汚染防止法 （第33条、第36条）	1年以下の懲役又は100万円以下の罰金 法人に対して最大100万円以下の罰金※
水質汚濁防止法 （第30条、第34条）	

図表2−2は環境関連法令のごく一部との比較ですが、罰則の内容を比較すると廃棄物処理法が非常に厳しいことが分かります。違反行為に対しては、**原則は違反行為者個人が罰則適用の対象**となりますが、その行為者に加えて、行為者が所属する法人に対しても罰金刑を科す定めのことを**法人両罰規定**と言います。

法令で定められる罰則には、**法令の違反に対して適用される直接罰**と、法令に適合しない行為に

対して都道府県などが改善等の命令を出せるものとし、その**命令に従わなかった場合に罰則が適用される間接罰**があります。

　廃棄物処理法は廃棄物が適正に処理されることが大きな目的の一つであり、廃棄物が排出されてから適正に最終処分や再生を終えるまでの過程で数多くの規制が定められています。そして、それらの規制の多くに、直接罰が定められています。

　例えば、排出事業者は排出した産業廃棄物の処理を他人へ委託する場合のルールの一つとして、マニフェストを運用します。このマニフェストに関して法律で定められている主な規定は図表2－3の通りで、違反時の罰則についても定められています。また、マニフェストに関する罰則規定は、平成29年の法改正によって従来の6ヵ月以下の懲役又は50万円以下の罰金から倍増されています。

■ 図表 2 － 3　マニフェストに関するルールと罰則（法第27条の2）

マニフェストに関する主なルール	違反した場合の罰則規定
廃棄物を委託する際に交付する	1年以下の懲役又は100万円以下の罰金
法令で定めた事項を記載する	
法令で定めた期間保存する	

　このマニフェストに関する定めは廃棄物が適正に処理されていることを排出事業者が確認するためのルールです。これらのルールに違反があれば、罰則適用の対象となります。

　マニフェストを交付し忘れたら、また記載事項に漏れがあれば、マニフェストの管理担当者が罰則の対象になります。

　罰則の内容自体が厳しいことに加え、こういった日常の業務の中で起こり得るミスでさえ、直接罰が定められているという部分も廃棄物処理法の罰則が厳しいと言われる理由です。

　産業廃棄物の管理担当者として理解しておかなければならないことは、これらの罰則は原則として、その違反行為者（個人）がその対象であるということです。つまり、法律のルールを知らずに、あるいはうっかり法令違反をしてしまった場合、担当者個人が罰則の対象となります。

　産業廃棄物の管理担当者として廃棄物処理法の規制を正しく理解し、自社の管理体制を確認、見直しを行うことで、こういったミスをなくすように社内へ働きかけることは、単なる担当者の業務というだけではなく、法令違反による罰則というリスクから担当者自身を守ることにもつながります。

　廃棄物の管理は最終的に適正に処理されることはもちろん、その過程での様々なルールについても適切に対応することが求められます。

1−2　それぞれの立場から見る罰則

重要度
★★☆

　まずは排出事業者、処理業者問わず対象となる罰則についてまとめます。最大の罰則の対象として不法投棄や不法焼却、措置命令違反があります。注目すべきは、不法投棄や不法焼却にはその未遂についても罰則が定められており、その罰則内容が実際に不法投棄等を実行した場合と同等であるという点です。また、支障の除去等の措置命令とは、法第19条の4、19条の4の2、19条の5又は19条の6に規定される、不法投棄などの不適正処理された廃棄物の除去等に関する命令です。この命令は不法投棄等の実行者だけでなく、排出事業者に対しても出される可能性があります。そして、その命令に従わなかった場合の罰則の内容が不法投棄と同じという点からも排出事業者責任の重さが分かります。

■ 図表２−４　排出事業者・処理業者に共通する主な罰則一覧

罰則の内容	両罰※		主な違反行為（例）
5年以下の懲役若しくは1,000万円以下の罰金又はその併科	○	措置命令違反	支障の除去等の措置命令に違反した
	●	投棄禁止違反	廃棄物をみだりに投棄した（未遂を含む）
	●	焼却禁止違反	廃棄物を違法に焼却した（未遂を含む）
3年以下の懲役若しくは300万円以下の罰金又はその併科	○	不法投棄・不法焼却目的の運搬	不法投棄や不法焼却の目的で廃棄物を収集運搬した（不法投棄・焼却の準備罪）
	○	改善命令違反	改善命令に違反した
1年以下の懲役又は100万円以下の罰金	○	管理票義務違反	産業廃棄物管理票に関する義務違反 ・虚偽の記載をした ・記載事項に不備がある ・必要な保存期間、保存をしなかった
30万円以下の罰金	○	報告拒否、虚偽報告	行政庁から求められた報告を、拒否又は虚偽の報告を行った
	○	帳簿備付け義務違反	義務付けられる帳簿の備付けや保存をしなかった
	○	立入検査拒否	行政庁が行う立入検査等に対し、拒否又は妨害した

※両罰について　●…3億円以下の罰金　○…それぞれの罰金額以下　の法人両罰規定が定められている

> **法第32条柱書**
> 法人の代表者又は法人若しくは人の代理人、使用人その他の従業者が、その法人又は人の業務に関し、次の各号に掲げる規定の違反行為をしたときは、行為者を罰するほか、その法人に対して当該各号に定める罰金刑を、その人に対して各本条の罰金刑を科する。

　これにより、例えば不法投棄を行った場合、その行為者が所属する法人は 3 億円以下の罰金刑の対象となります。

　図表 2 - 5 は主に排出事業者を対象とした罰則の一覧です。ここでは、廃棄物の処理委託に関する罰則が多いことが分かります。また、**委託契約書に関する委託基準違反については、排出事業者にのみ罰則が定められている**ことが分かります。契約書を結ばずに廃棄物を委託する、契約書の記載事項に不備がある、といった場合に処理業者は罰則の対象とはなりません。

　処理委託契約書の作成と締結は排出事業者の責任の下で行われなければならないという理由はここにあります。実態として委託契約書を処理業者に用意してもらう排出事業者も多く見受けられます。処理業者に用意してもらうことについて法による制限はありませんが、その契約書に不備があっても罰則の対象となるのは排出事業者だけなので、必ず記載事項等の最終確認は排出事業者自身で行わなければなりません。

　過料とは一般に秩序罰と言われ、行政罰の中でも比較的軽微な義務違反を対象とした罰則です。

■ 図表 2 - 5　排出事業者に関する主な罰則一覧

罰則の内容	両罰※		主な違反行為（例）
5 年以下の懲役 若しくは 1,000万円以下の罰金 又はその併科	○	委託基準違反	許可を持たない者に委託した
3 年以下の懲役 若しくは 300万円以下の罰金 又はその併科	○	委託基準違反	処理の委託基準に違反して委託した ・契約を未締結のまま委託した ・契約書の記載事項に不備がある ・契約書の保存義務違反
1 年以下の懲役 又は 100万円以下の罰金	○	管理票義務違反	産業廃棄物管理票に関する義務違反 ・管理票を交付せずに委託した
6 ヵ月以下の懲役 又は 50万円以下の罰金	○	事業場外保管届出違反	届出をせず事業場外保管をした
30万円以下の罰金	○	処理責任者等設置義務違反	産業廃棄物処理施設を設置している事業場に産業廃棄物処理責任者を設置しなかった
20万円以下の過料	―	多量排出事業者計画提出・報告違反	多量排出事業者に該当する者が、処理計画及び報告を提出せず、又は虚偽の提出をした

※両罰について　○…それぞれの罰金額を上限とした法人両罰規定が定められている

最後に図表2-6は主に処理業者を対象とした罰則の一覧です。処理業者を対象とする罰則は業許可や施設許可に関するものについて重い罰則が定められています。無許可営業については、業許可を受けていない場合だけではなく、許可の範囲外の受託についても無許可営業に該当します。また、帳簿の備えつけや保存についても罰則が定められており、日常業務を疎かにするだけでも罰則の対象となる点についても注意が必要です。

■ 図表2-6　処理業者に関する主な罰則一覧

罰則の内容	両罰※	主な違反行為（例）	
5年以下の懲役若しくは1,000万円以下の罰金又はその併科	●	無許可営業	許可を受けずに、廃棄物の運搬又は処分を業として行った
	○	施設無許可設置	許可を受けずに廃棄物の処理施設を設置した
3年以下の懲役若しくは300万円以下の罰金又はその併科	○	再委託基準違反	再委託基準に違反して再委託した
1年以下の懲役又は100万円以下の罰金	○	管理票義務違反	産業廃棄物管理票に関する義務違反 ・交付を受けずに廃棄物の引渡しを受けた ・管理票の写しを送付せず、又は虚偽の送付をした
6ヵ月以下の懲役又は50万円以下の罰金	○	処理困難通知義務違反	処理が困難となった場合において通知せず、又は虚偽の通知をした
30万円以下の罰金	○	帳簿備付け義務違反	帳簿を備えず、又は5年間保存しなかった

※両罰について　●…3億円　○…それぞれの罰金額を上限とした法人両罰規定が定められている

処理業者の場合、法人として廃棄物処理法違反で罰金刑が確定すると欠格要件に該当し、処理業の許可がすべて取り消されます。そのため、処理業者にとって法令違反はそのまま事業の撤退にもつながるリスクと言えます。欠格要件については「第3章1-5」にまとめています。

COLUMN.12 | こんなことも法令違反に？〜事例紹介〜

① 許可外の処分の委託

<概要>

　鉄鋼メーカーのA社は溶鉱炉の内部で使用されていた耐火レンガをB社の最終処分場へ埋立処分の委託をしていた。レンガはガラス陶磁器くずに該当し、B社もガラス陶磁器くずの許可を有していた。耐火レンガは溶鉱炉で使用されていたため、金属が付着していたが、少量のためガラス陶磁器くずとして扱っていた。

　金属くずの許可を持たない処理業者へ金属くずを委託したとして、A社の担当部長は書類送検となった。

② 無許可業者への委託

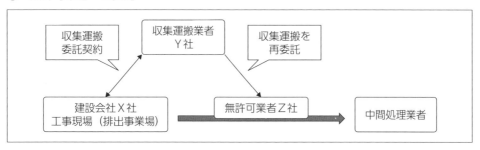

<概要>

　建設会社X社は工事に伴って排出される産業廃棄物の収集運搬をY社に委託していた。ある現場は道路が狭く、Y社の車両では進入できない現場であったため、Y社の知り合いであるZ社が代わりに収集運搬を行った。X社の現場担当者もそのことを了承していた。しかし、Z社は収集運搬業の許可を持っていなかった。

　Z社への収集運搬の委託は無許可業者への委託に該当し、X社の現場担当者は書類送検となった。

　①の事例では、事前に委託をやめるように行政指導もされていたようですが、委託を継続したために書類送検に至ったようです。どちらの事例も、「この程度なら大丈夫」「これはしょうがない」といった担当者による安易な判断が招いた結果と言えます。

処理委託後の不適正処理

委託したから安心ではない厳しい排出事業者責任

2−1　二つ目のリスク「処理委託後の不適正処理」

　二つ目のリスクは処理委託後の不適正処理に巻き込まれるリスクです。廃棄物処理法では、排出事業者が自社で処理することを原則としていますが、自ら行うことができない場合には、他人へその処理を委託することを認めています。実態としては、排出事業者自ら処理を行うよりも、処理を処理業者に委託する場合の方が多いでしょう。

　その意味で、多くの企業が潜在的に抱える「不適正処理に巻き込まれる」リスクが実際に顕在化するまでの流れを、委託した廃棄物が不法投棄された場合を例に確認します。

■ 図表 2 − 7 　不法投棄問題の発覚から解決までの流れ

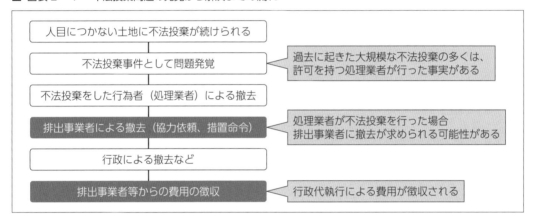

　図表 2 − 7 にもある通り、最も責任が重いのは実際に不法投棄を行った行為者です。そのため、行為者がまず環境への支障の除去等の措置を行います。しかし、大規模な不法投棄等においては、膨大な費用が必要となることから、行為者のみで解決に至ることはほとんどありません。

　不法投棄された廃棄物は、混合状態のまま長期間放置されることが多く、性状も劣化していることがほとんどです。原状回復を行うにあたっては、通常の処理にはない、掘り起こし等の作業も加わることから、極めて多額の費用を要します。通常の委託処理費の**数倍を超える**こともあるようです。

　委託していた廃棄物の量にもよりますが、過去の不法投棄の現場では、1 億円を超える支障除去費用を負担した排出事業者もいるほどです。

　廃棄物処理法では廃棄物を処理委託する際に様々な条件や義務を排出事業者に課しています。それらの遵守義務に加えて、支障の除去等においては無過失責任を排出事業者に負わせる条文も用意されているのです。

法令違反者に対する法的拘束力を持った命令

2 － 2　委託に不備があった場合

重要度
★★☆

　不適正処理に巻き込まれた際に、自治体からの協力要請に応じず、その委託にも不備が認められる場合、廃棄物の撤去やそれに伴う費用負担について措置命令が出されることがあります。

　都道府県知事等は、生活環境の保全上支障が生じ、又は生ずるおそれがあると認められるときは期限を定めて支障の除去等の措置を講ずべきことを命令することができます（法第19条の5）。

■ 図表 2 － 8　法第19条の5に基づく措置命令の対象者

①当該保管、収集運搬又は処分を行った者
②不適正な委託により当該収集、運搬又は処分が行われたときは、当該委託をした者
③マニフェストに係る義務について、次のいずれかに該当する者があるときは、その者
・マニフェストを交付しなかった者
・法定記載事項を記載せず、又は虚偽の記載をしてマニフェストを交付した者
・マニフェストの写しを送付しなかった者
・法定記載事項を記載せず、又は虚偽の記載をしてマニフェストの写しを送付した者
・マニフェストを回付しなかった者
・マニフェスト又はその写しを保存しなかった者
・マニフェストの確認義務に違反し、適切な措置を講じなかった者
・マニフェストの交付を受けずに産業廃棄物の引渡しを受けた者
④①～③に掲げる者が建設工事における下請負人である場合は元請業者
⑤当該処分等をすることを要求、依頼、若しくは唆し、又は当該処分等をすることを助けた者があるときは、その者

　図表 2 － 8 の中で①は不適正処理を行った直接の行為者と言えますが、②以降にある通り、処理委託契約書の不備やマニフェスト運用に係る違反がある場合は、排出事業者は処理委託先の不適正処理に対する責任も負わなければならず、措置命令発出の対象とされます。

　この命令に違反した場合、5年以下の懲役若しくは1,000万円以下の罰金又はその併科の対象となります（法第25条）。

　また、この罰則は法人両罰規定の対象ともなっているので、違反者の所属する法人も罰金刑の対象となります（法第32条）。

違反が無くても、過失があれば出されることがある命令

2-3 不備がなくてもリスクはなくならない

重要度
★★☆

　法第19条の5の措置命令は委託基準違反やマニフェストの不適正な運用があった者を対象にしています。しかし、大規模な不法投棄等の場合、法第19条の5で定める措置命令だけでは、十分な支障の除去ができない場合があります。そういった際には、都道府県知事等は法第19条の6に基づき、**法令違反がない場合でも過失が認められる場合に排出事業者等にも支障の除去等の措置を講ずることを命じることができます。**

> **法第19条の6第1項（一部抜粋）**
> 前条第一項に規定する場合において、生活環境の保全上支障が生じ、又は生ずるおそれがあり、かつ、次の各号のいずれにも該当すると認められるときは、都道府県知事は、その事業活動に伴い当該産業廃棄物を生じた事業者（（略）以下「排出事業者等」という。）に対し、期限を定めて、支障の除去等の措置を講ずべきことを命ずることができる。（略）

　この規定で行政が排出事業者等へ措置命令を出せる条件は図表2-9の第1号及び第2号の①～③のいずれかが満たされている場合とされています。

■ 図表2-9　法第19条の6に基づく排出事業者等に対する措置命令の条件

条項	条件
法第19条の6第1項第1号	・不適正処理の行為者のみでは支障の除去等の措置ができない、又は不十分であるとき
法第19条の6第1項第2号	①排出事業者等が適正な対価を負担していないとき
	②不適正処理が行われることを知り、又は知ることができたとき
	③法第12条第7項等の規定の趣旨と照らして適当であるとき

　法第19条の6第1項第2号に規定される条件（①～③）について環境省は令和3年4月14日「行政処分の指針について（通知)」（環循規発第2104141号）により、詳しい解釈を示しています。

①「適正な対価を負担していないとき」とは

　廃棄物の処理費用について、現在「適正な対価」の指標は国や自治体から公開はされていません。そのため、行政処分の指針の中では、適正ではない一例としてその地域ごとの一般的な価格を把握した上で、自社の委託費用がその一般的な価格の半分以下である場合、と例示しています。しかし、これもあくまで一例であり、仮に半値より高額であった場合でも対象になり得ること、一般的な価格より安くても適正に処理されると判断した理由を確認することが重要であると示されています。

② 「不適正処理が行われることを知ることができたとき」とは

　不適正処理が行われることを知っていて委託をしていた場合は当然として、「知ることができたとき」とは「一般通常人の注意を払っていれば当該不適正処理が行われることを知り得たと認められる場合をいう」としています。具体的には行政からの改善命令を受けた、地域住民と訴訟等のトラブルがあるなど、不適正処理が行われる可能性があることを客観的に認められる状況にあったにもかかわらず、処理業者へ状況の確認を行わず、施設の確認もせず、結果として不適正処理に至った場合などです。

　実際に施設確認等を行っていた場合でも、それらの確認を行った上で、不適正処理されないと判断した正当な理由を提示できない場合もこの条件に該当するとしています。

③ 「法第12条第７項等の規定の趣旨と照らして適当であるとき」とは

　法第12条第７項とは産業廃棄物における排出事業者責任の範囲について言及されている条文であり、この中で、排出事業者は「処理の状況に関する確認を行い、当該産業廃棄物について発生から最終処分が終了するまでの一連の処理の行程における処理が適正に行われるために必要な措置を講ずるように努めなければならない」としています。これに基づき、例えば処理業者の選定の際に複数の見積もりを取るなど、地域の一般的な処理費用を把握するための措置を講じていなかったり、中間処理業者と最終処分業者の委託契約書の確認等、不適正処理を行うおそれのある産業廃棄物処理業者でないかを把握するための措置を講じなかったりした場合も該当するとしています。

　上記のように令和３年４月14日「行政処分の指針について（通知）」（環循規発第2104141号）の中で示された内容から排出事業者として措置命令の対象となる可能性のある対応は次のようなものと考えられます。

■ 図表２−10　法19条の６に基づく措置命令の対象となる可能性のある例

> ・地域の相場感を把握していない（複数業者から処理費の見積もりを取っていない）
> ・地域の相場感から半値以下の処理費用で委託している
> ・一般的な料金よりも安い価格で委託しても適正処理がなされると判断した正当な理由がない
> ・処理業者の施設確認を行っていない
> ・処理業者が改善命令等を受けていないか、周辺住民とトラブルがないかなどの状況把握を行っていない
> ・上述の状況を把握したにもかかわらず委託を継続している
> 　（委託を継続して問題ないと判断した正当な理由がない）
> ・最終処分先の残余容量や中間処理業者と二次委託先との処理委託契約の有無の確認といった最終処分までの一連の処理に関する状況を把握していない

※上記は行政処分の指針で示された一例です。いずれかに該当する場合は可能な限り対策をとる必要があります。

COLUMN.13 | 千葉市のウェブサイトから

■ 図表 2−11　千葉市ウェブサイトの抜粋

行政代執行費用の納付命令を発出しました（平成▉年▉月▉日発出分）（平成▉年▉月▉日更新）

緑区平川町の旧産業廃棄物中間処理施設に堆積されている産業廃棄物を撤去する行政代執行に関して、廃棄物の処理及び清掃に関する法律第19条の8の規定により、措置命令不履行者に対し行政代執行に要した費用の納付を命じましたので、お知らせします。当該納付命令も履行されなかったときには、強制徴収により費用回収します。

1.納付を命じた代執行費用の種類堆積された産業廃棄物の一部を運搬し処分することに要した費用
2.納付命令の名宛人等及び納付を命じた金額(円)

番号	命令の名宛人・所在地・代表者	金額（円）
1	（株）▉▉▉ 千葉市▉▉▉▉▉ 代表取締役▉▉▉	▉▉▉▉
1（2）	（株）▉▉▉は平成▉▉▉▉より納付命令額の分割納付を開始した。	

出典：千葉市ウェブサイト「緑区平川町における行政代執行」
(https://www.city.chiba.jp/kankyo/junkan/sangyohaikibutsu/daisikkou.html)

　千葉市では、緑区平川町における行政代執行について、事件の発覚から生活環境への調査結果、措置命令の発出などの問題解決までの流れをウェブサイト上に公開しています。中間処理業者による不適正処理事件について、どのような手順を経て排出事業者にまでリスクが及ぶ事態となるのかという一連の流れが明らかになっている事例として、参考になるものです。

　措置命令や行政代執行費用の納付命令が発出された排出事業者については、費用の拠出を行う直接的な実害だけではなく、社名が公表されることによって、社会的にも信頼を失いかねないリスクが発生します。

不適正処理に対する自治体の対応

　都道府県等は実際に不適正処理が生じた際の措置命令だけではなく、適正処理の確保のために、排出事業者や処理業者に対して様々な行政指導や行政処分を行う権限を持っています。都道府県等からの指導には迅速に、真摯に対応することで行政処分を受けるなどのリスクを回避できる場合もあります。逆に対応を誤ると、措置命令や名前の公表、処理業者であれば許可取消など大きなリスクへとつながります。

事実確認のための対応

3－1　報告の徴収

重要度
★★☆

　都道府県知事等又は環境大臣は、排出事業者などに対してこの法律の施行に必要な限度で、廃棄物又はその疑いのあるものの保管、収集運搬若しくは処分等に関して必要な報告を求めることができます（**報告徴収**）。

■ 図表 2 －12　都道府県知事等による報告徴収（法第18条第 1 項）

報告徴収の対象となる者	・事業者 ・収集運搬又は処分を業とする者 ・一般廃棄物又は産業廃棄物処理施設の設置者 ・情報処理センター ・法第15条の17第 1 項の政令で定める土地の所有者若しくは占有者 ・指定区域内において土地の形質の変更を行い、若しくは行った者その他の関係者
報告の対象	・廃棄物 ・廃棄物であることの疑いのある物
報告の内容	・保管、収集運搬、処分に関すること ・処理施設の構造、維持管理に関すること ・政令で定める土地の状況に関すること ・指定区域内における土地の形質の変更に関すること

■ 図表 2 −13　環境大臣による報告徴収（法第18条第 2 項）

報告徴収の対象となる者	・再生利用認定業者 ・広域的処理認定業者 ・無害化処理認定業者 ・国外廃棄物又はその疑いのある物を輸入しようとする者若しくは輸入した者 ・廃棄物若しくはその疑いのある物を輸出しようとする者若しくは輸出した者
報告の対象	・廃棄物 ・廃棄物であることの疑いのある物
報告の内容	・認定に係る収集運搬、処分に関すること ・認定に係る施設の構造、維持管理に関すること ・廃棄物若しくはその疑いのある物の輸入、輸出に関すること

　報告の対象として平成15年の法改正により、廃棄物だけでなく廃棄物であることの疑いのある物についても報告徴収が可能となりました。

　この報告徴収に対して、求められた報告に応じなかった者、又は虚偽の報告をした者は30万円以下の罰金の対象となります（法第30条）。

　また、この罰則は法人両罰規定の対象ともなっているので、違反者の所属する法人も罰金刑の対象となります（法第32条）。

　報告の徴収は都道府県等が産業廃棄物の適正処理を監視、指導する上で欠かせない制度であり、報告徴収を受けることが即座に罰則等の対象となるものではありません。そのため、廃棄物の管理担当者としては報告徴収を受けた場合、都道府県等がどういった情報を求めているのかを正確に確認すること、求められた内容についてはごまかさず正確に報告することが大切です。

　また、契約やマニフェスト等を本社などで管理している場合、報告徴収が排出事業場へ直接求められることもあります。そういった場合に現場の担当者などが独断で報告などを行うと誤った（虚偽の）報告をしてしまうなどのトラブルにつながります。企業として適切に対応できる社内体制を事前に作っておくことが重要です。

　処理業者に対して、年間の処理実績などの報告を毎年求めている自治体もありますが、そういった報告もこの18条第 1 項に基づく報告徴収として行われています。

報告徴収よりも厳しい事実確認の方法

3－2　立入検査

　都道府県知事等又は環境大臣は、その職員に、この法律の施行に必要な限度で排出事業者などの事業所等に立入り、帳簿書類等の検査をさせ、試験に必要な限度において廃棄物又はその疑いのあるものを無償で収去させることができます（**立入検査**）。

■　図表 2 －14　都道府県知事等による立入検査（法第19条第 1 項）

立入検査の対象となる者	・事業者 ・収集運搬又は処分を業とする者 ・その他の関係者
立入場所の対象	・事務所、事業場、車両、船舶その他の場所 ・一般廃棄物又は産業廃棄物の処理施設のある土地又は建物 ・法第十五条の十七第一項の政令で定める土地
立入時の検査の内容	・保管、収集運搬、処分 ・一般廃棄物又は産業廃棄物処理施設の構造、維持管理 ・政令で定める土地の状況 ・指定区域内における土地の形質の変更に関する、帳簿書類その他の物件の検査
収去できるものの対象	試験のために使用するのに必要な限度の廃棄物、廃棄物であることの疑いのある物

■　図表 2 －15　環境大臣による立入検査（法第19条第 2 項）

立入検査の対象となる者	・再生利用認定業者 ・広域的処理認定業者 ・無害化処理認定業者 ・国外廃棄物又はその疑いのある物を輸入しようとする者若しくは輸入した者 ・廃棄物若しくはその疑いのある物を輸出しようとする者若しくは輸出した者
立入場所の対象	・事務所、事業場、車両、船舶その他の場所 ・認定に係る施設のある土地若しくは建物
立入時の検査の内容	・認定に係る収集運搬、処分 ・認定に係る施設の構造、維持管理 ・廃棄物若しくはその疑いのある物の輸入、輸出に関する、帳簿書類その他の物件の検査
収去できるものの対象	試験のために使用するのに必要な限度の廃棄物、廃棄物であることの疑いのある物

　報告徴収と同様に平成15年の改正により、廃棄物だけでなく廃棄物であることの疑いのある物についても立入検査が可能となりました。

　この立入検査についても、検査を拒否したり、妨害したり、忌避した者は30万円以下の罰金の対象となります（法第30条）。

　また、この罰則は法人両罰規定の対象ともなっているので、違反者の所属する法人も罰金刑の対象となります（法第32条）。

不適正処理につながる前の初期対応

3－3　改善命令

　都道府県知事等は、産業廃棄物などの処理や保管の基準が適用される者によりその基準に適合しない保管や処理が行われた場合、期限を定めてその保管や処理の方法の変更、その他必要な措置を講ずべきことを命令することができます（法第19条の3）。

　この改善命令は廃棄物の処理基準に合わない処理がされた場合に、その廃棄物の適正な処理を確保するために命じるものであり、都道府県知事等は不適正な処理を把握した場合は速やかに命令を行い、生活環境の保全上の支障が発生しないようにすることとしています。

　この**改善命令**に違反した場合、3年以下の懲役若しくは300万円以下の罰金又はその併科の対象となります（法第26条）。

　また、この罰則は法人両罰規定の対象ともなっているので、違反者の所属する法人も罰金刑の対象となります（法第32条）。

■ 図表2－16　命令者と対象者

命令者	対象者
市町村長	（特別管理）一般廃棄物処理基準に適合しない収集運搬、処分を行った ・事業者 ・処理業者 ・国外廃棄物を輸入した者
都道府県知事又は政令市長	（特別管理）産業廃棄物処理又は保管基準に適合しない保管、収集運搬、処分を行った ・事業者 ・処理業者 ・国外廃棄物を輸入した者
環境大臣	（特別管理）一般廃棄物又は（特別管理）産業廃棄物処理基準に適合しない当該認定に係る収集運搬又は処分を行った無害化処理認定業者

行政による支障の除去等の代行

３－４　生活保全上の支障の除去等の措置

重要度
★☆☆

　不適正処理が行われた場合、その不適正処理が生活環境の保全上の支障が生じている、又は生ずるおそれがある場合には法第19条の５、法第19条の６に基づく措置命令によって、排出事業者や処理業者に支障の除去や原状回復を行わせます。

　また、都道府県知事等はこれらの措置命令を出すとともに、一定の条件のもと、支障の除去等を直接実施することができます（法第19条の８）。こういった、行政が自ら措置を講ずることを**行政代執行**と言います。

■ 図表２－17　行政代執行を行うことができる条件

・法第19条の５に基づく措置命令を受けた処分者等や法19条の６に基づく措置命令を受けた排出事業者等が期限までに措置を講じないとき、講じても十分でないとき、又は講ずる見込みがないとき ・法第19条の５に基づく措置命令の対象となる処分者等を都道府県知事等が確知することができないとき ・緊急に支障の除去等の措置を講ずる必要がある場合において、命ずるいとまがないとき

　都道府県知事等は上記に基づいて行政代執行が行われた場合、その措置に要した費用を処理業者や排出事業者等に負担させることができます。

　また、不法投棄事案や不適正処理事案を対象に、投棄者等が不明なためや資力不足等のため原状回復等の措置を取らずに都道府県等が支障除去等を行う場合、公益財団法人産業廃棄物処理事業振興財団に置かれた基金から支障除去等に必要な費用を都道府県等に支援する制度が作られています。基金の多くは、マニフェストを頒布する団体から出えんされています。基金による支援の対象は、行政対応に大きな問題がない場合等に限られ、平成11年度から令和２年度までの間に、支援件数108件、総額57億円以上が支援されています。

COLUMN.14 | 行政処分情報を知るために

　産業廃棄物の処理業者に対して、都道府県又は政令市は適正な処理の確保のために行政指導や行政処分を行うことがあります。特に行政処分の中でも、**事業停止命令や許可取消処分が出された場合、処理業者は処理業を継続することができなくなります。**

　委託先の処理業者が上述のような不利益処分を受けた場合、排出事業者は委託の停止や新たな業者との委託契約の締結などの迅速な対応を求められます。行政処分情報を含めて積極的な情報入手に心がける必要があります。

　行政処分情報は都道府県又は政令市によって、その公開の方法や範囲が異なります。都道府県等によっては、ウェブサイト上に専用ページを設け、行政処分を行った場合にその情報を掲載しているところもあれば、専用ページは用意せず、新着情報等で公開しているところもあります。自治体によっては、そういった情報公開を一切していないところもあります。

　また、公開される情報についても、改善命令から公開するところもあれば、事業停止や許可取消処分など重大な処分についてのみ公開しているところもあります。

　環境省でも許可取消処分についてはウェブサイト上で、全国の情報を取りまとめています。

■ 図表 2 − 18　環境省ウェブサイト

環境省 ＞ 廃棄物・リサイクル対策部

産業廃棄物処理業・処理施設許可取消処分情報

環境省 環境再生・資源循環局廃棄物規制課
2021年10月15日更新

事業者一覧

許可取消処分を受けた全ての事業者を一覧表示します。

[全件表示]

事業者検索

検索を行うにあたって、検索対象期間を限定することができます。

◉ 検索対象期間を限定しない。
○ 検索対象期間を以下の範囲に限定する。
　[2016年▼] [1月▼] [1日▼] 〜 [2021年▼] [1月▼] [1日▼]

出典：「産業廃棄物処理業・処理施設許可取消処分情報」
（https://www.env.go.jp/recycle/shobun/）

　これらの公開情報は各行政の手続きの都合上、実際の処分から公開までに時間が空くこともありますが、少しでも情報を収集するためには、委託先の処理業者が持っている許可の自治体について、このような情報公開の有無等を確認し、定期的に情報収集することが望ましいと言えます。

罰則だけが企業リスクじゃない

　排出事業者のリスクを廃棄物処理法に基づき 2 つに分けて紹介しました。しかし、刑事責任のような罰則に結びつくものだけが企業が抱えるリスクではありません。民事責任や社会的責任も生じます。

■ 図表 2 − 19　排出事業者に求められる責任の種類と概要

刑事責任	：犯罪者が刑罰として負わなければならない責任
民事責任	：他人の権利又は利益を違法に侵害した者が、被害者に対して損害を賠償する責任
社会的責任	：社会において望ましい組織として行動すべき責任

排出事業者ではなくても対応が必要となることも

4 − 1　社会的責任（食品廃棄物不正転売事件の例）

重要度
★★☆

　基本的に排出事業者でなければ、不適正処理された廃棄物について法的責任を問われることはありません。しかし、不適正処理を行った業者と直接の関わりがなくても、その不適正処理に対して対応せざるを得ない場合があります。

　平成28年1月に大きなニュースとなった食品廃棄物の不正転売事件は、廃棄食品の堆肥化処分を委託された処理業者が、電子マニフェストで処理終了の虚偽報告を行い、実際には複数のブローカーや卸業者を通して、不正に転売を行っていたものです。

■ 図表 2 − 20　食品廃棄物不正転売事件の概要

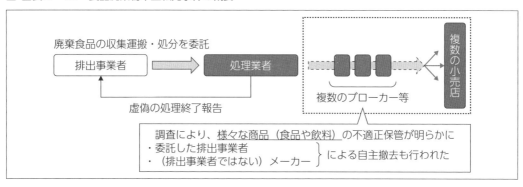

　この事件が発覚し、調査が進められる中で、多くの食品や飲料メーカーの商品が違法に保管、転売されていたことが明らかとなりました。一部のメーカーは、排出事業者ではない場合でも、自主的に撤去に協力しました。

　広く報道されるような不適正処理事件の際には、自社の社名や商品名が不適正処理された廃棄物として公開されてしまうことがあります。自社の製品が不適正に処理されており、そのために周辺の生活環境に支障が生じている場合、ブランドイメージを守るためにも、社会的責任の観点からも、自主的な撤去協力の判断が必要となる場合があります。

4－2　民事責任（ホルムアルデヒド事件の例）

重要度 ★☆☆

　廃棄物処理法における違反は問われなかったにもかかわらず、排出事業者責任の観点から民事責任を求められた事例として、浄水場からホルムアルデヒドが検出された断水事件があります。

　平成24年5月に千葉県で発生したこの事件は、千葉県と埼玉県の利根川水系にある浄水場から供給する水道水から基準値を超えた濃度のホルムアルデヒドが検出されたことで、3カ所の浄水場で取水を停止、35万世帯が断水の影響を受けた事件です。

　原因は利根川水系の上流である群馬県の産業廃棄物の処分業者が、中和処理後に利根川の支流に放水していた排水に含まれていたヘキサメチレンテトラミンという物質でした。ヘキサメチレンテトラミンという物質は塩素と反応してホルムアルデヒドを生成する物質です。

■ 図表2－21　ホルムアルデヒド事件の概要

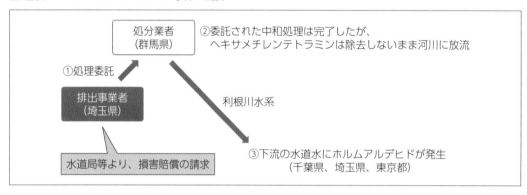

　この事件では、利根川水系から取水している浄水場でヘキサメチレンテトラミンと塩素が反応しホルムアルデヒドが発生し、取水停止され、35万世帯が断水されました。

　この事件の要因の一つは①の段階で、廃液にヘキサメチレンテトラミンが含まれていることが排出事業者と中間処理業者の間で正確に情報伝達されていなかったことにあります。事件発覚当初は排出事業者の告知義務違反に当たるのではないかとして報道されましたが、ヘキサメチレンテトラミンは事件発生当時、廃棄物処理法や水質汚濁防止法で規制される物質ではなく、排出事業者に告知の法的義務はありませんでした。また、中間処理業者側もこの物質を無害化・除去するには不十分であったとは言え、委託を受けた中和処理は行われていました。そのため、この排出事業者や中間処理業者が法的責任を求められることはありませんでした。

　しかし、千葉県をはじめとする断水の影響のあった市町村等は、排出事業者に過失はあったとして、浄水場のホルムアルデヒドの除去や断水に伴う損害について、総額2億9,000万円を超える賠償を求めました。この損害賠償請求について、当初、排出事業者側は支払いを拒否し、法廷で争う姿勢を見せていましたが、平成30年内に総額約2億円の損害分を支払うことで和解が成立しています。当該中間処理業者も300万円の支払いをすることが含まれていますが、和解の支払額からは、排出事業者として処理委託にあたって必要な情報提供を怠ったことが損害発生の主因であると認められています。改めて、排出事業者責任の重大さを感じる結論となっています。

第3章

産業廃棄物の委託基準

委託基準① 「許可証」

　他人の廃棄物の処理を業として行おうとする者は、原則として都道府県等から処理業の許可を受けなければなりません。また、排出事業者は産業廃棄物の処理を他人へ委託する場合、原則として処理業の許可を持つ業者へ、その委託が許可の範囲に含まれるか確認し委託しなければなりません。

特別管理かどうか、収集運搬か処分かで許可の種類は違う

1－1　処理業許可の種類

重要度
★★☆

　他人に産業廃棄物の処理の委託を行う場合、原則として産業廃棄物処理業の許可（いわゆる「**業許可**」、「**14条許可**」）を持つ業者に委託しなければなりません。
　この処理業の許可は大きく区分して、図表3－1の4種類があると考えます。

■ 図表3－1　産業廃棄物処理業の4つの許可

		廃棄物の区分	
		産業廃棄物 （普通産業廃棄物）	特別管理産業廃棄物
業の区分	収集運搬業	産業廃棄物収集運搬業許可	特別管理産業廃棄物 収集運搬業許可
	処分業	産業廃棄物処分業許可	特別管理産業廃棄物 処分業許可

　産業廃棄物処理業の許可は、処理できる廃棄物が**特別管理産業廃棄物かその他の（普通）産業廃棄物かで分けられ、さらにその処理方法が収集運搬か処分かで区分されています**。例えば、同じ処分施設で特別管理産業廃棄物と特別管理産業廃棄物ではない（普通）産業廃棄物も処分を行う場合、許可証は2枚となります。
　産業廃棄物を自社で運搬し、中間処理や最終処分だけを委託するのであれば、処分業の許可を持つ処理業者に委託します。排出事業場まで回収に来てもらい、運搬から処分までまとめて同じ処理業者に委託をする場合、収集運搬業許可と処分業許可の2種類を持つ処理業者に委託する必要があります（収集運搬業許可については、引渡し場所と目的地の自治体の許可が必要です。本章「1－4」参照）。
　また、許可の種類は大きくはこの4種類ですが、許可ごとに処理できる産業廃棄物の種類や、一日に受け入れられる処理能力等が定められています。許可を持っている業者であるからと言って、**どんな産業廃棄物も無制限に処理を委託できるわけではありません**。
　排出事業者として、処理業者に産業廃棄物の処理を委託しようとする際は、まず4種類の中のどの処理を委託するのかを確認し、さらに廃棄物の種類や処理能力を想定して処理業者を選ばなければなりません。

COLUMN.15 | 処理業許可は適正な処理を保証するものではない

処理業の許可は適正処理を保証するものではない、ということは環境省も令和 3 年 4 月14日「行政処分の指針について（通知）」（環循規発第2104141号）の中で、言及しています。

第10　排出事業者等に対する措置命令（法第19条の 6 ）（一部抜粋）

1　趣旨

　排出事業者はその事業活動に伴って生じた廃棄物を自ら適正に処理するものとする「排出事業者の処理責任」を負っており（法第 3 条第 1 項及び第11条第 1 項）、その処理を許可業者等に委託したとしても、その責任は免じられるものではなく、これを踏まえ、排出事業者が産業廃棄物の発生から最終処分に至るまでの一連の処理の行程における処理が適正に行われるために必要な措置を講ずるとの注意義務に違反した場合には、委託基準や管理票に係る義務等に何ら違反しない場合であっても一定の要件の下に排出事業者を措置命令の対象とすることとしたものであること。依然として不法投棄等の不適正処理案件が多発する中、処分者等の資力が不十分なこと等により、その支障の除去等が最終的に都道府県の負担や廃棄物関係団体等の自主的な協力により行われている事態がみられるが、これを放置しておくことは排出事業者責任の形骸化にもつながることから、この命令を積極的に活用すべきであること。

　なお、産業廃棄物処理業の許可とは、社会公共の安全及び秩序を維持するという消極的観点から行われる許可（いわゆる「警察許可※」）であり、許可申請者が、適正な処理を行い得る客観的能力等を有する者であることを確保する観点から定められた一定の要件に合致すれば、都道府県知事は、許可を付与しなければならないこととされている。したがって、産業廃棄物処理業の許可制度は、実際に許可を受けた者が適正に処理を行うことまで保証するものではなく、許可業者に対する処理委託が排出事業者の責任を免ずるものではないことに十分に留意されたいこと。また、日頃から機会を捉えて、排出事業者に対して、信頼に値する処理業者であるか否かについては最終的には排出事業者自身の責任において見極める必要があることを周知徹底するよう努められたいこと。

※警察許可：許可に際して行政庁の自由裁量は原則として認められない（条件に合致すれば必ず認められる）許可

　都道府県等は廃棄物処理法の定めに基づいて、処理業を行おうとする者に対して許可を出しています。この許可は申請し、法で定められた基準を満たす者には付与しなければならないものであるため、許可業者へ委託をしたことで排出事業者の処理責任が免除されるものではない、ということが示されています。

許可証の見るべきポイントは大きく6ヵ所

1-2　許可証のチェックすべきポイント

重要度
★★★

産業廃棄物処理業の許可証は、産業廃棄物を委託しようとする際に必ず確認すべき書面です。許可証には様々な情報が記載されていますが、許可証を確認する上で、必ず押さえておきたいポイントは6つです。

■ 図表3－2　許可証のチェックすべきポイント

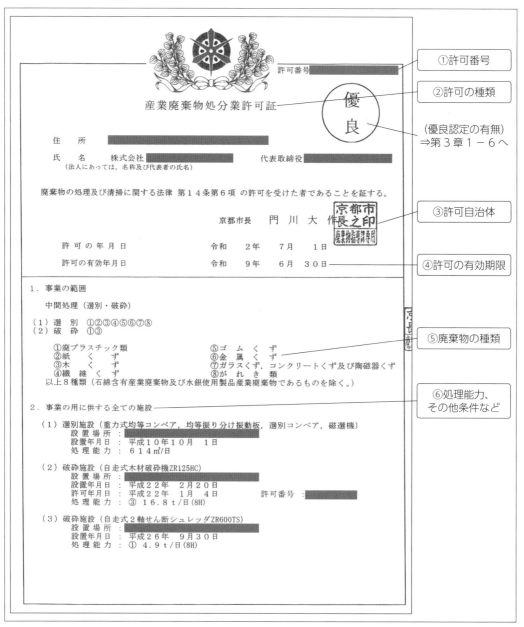

①許可番号

許可証には必ず右上に番号が記載されています。これを許可番号と言います。この数字の並びの内、下 6 桁を**固有番号**と呼び、その処理業者を特定する番号となります。固有番号は同じ処理業者であれば許可の種類や、自治体が異なっても必ず同じ番号となります。自治体や産廃情報ネットなどの処理業者検索システムで処理業者を検索する際にもこの固有番号が活用されています。

許可番号の詳細についてはコラム13「許可番号の持つ意味」で紹介します。

②許可の種類

産業廃棄物処理業の許可には 4 種類あります。委託する処理の内容と許可証の内容が一致していることを確認します。

③許可自治体

廃棄物処理業の許可は、その処理業を行おうとする都道府県又は政令市から出されます。そのため、処分を委託する際にはその処分施設のある都道府県等の処分業許可証が、収集運搬を委託する場合には、産業廃棄物の引渡しを行う場所の都道府県等とその運搬の目的地の都道府県等の両方の収集運搬業許可証が必要となります。詳しくは「第 3 章 1 − 4」にまとめています。

④許可の有効期限

処理業の許可には有効期限が定められています。**期限は一般的には 5 年間、優良産廃処理業者認定を受けていれば 7 年間です。**この有効期限が切れていれば、許可がないことになります。必ず期限が切れていないこと、もし切れていれば更新手続を行っているか、あるいは更新後の最新の許可証があるかを確認しましょう。

⑤廃棄物の種類

産業廃棄物は廃棄物処理法で20種類が定められています。処理業の許可ではその処理業者が産業廃棄物のどの種類を処理できるかを特定しています。例えば、廃プラスチック類の処分業許可しか持っていない処分業者に、木くずの処分を委託することはできません。

委託する予定の廃棄物の種類が何に該当するかを把握した上で、許可証にその種類がすべて含まれているかを確認しましょう。

⑥処理能力、その他条件など

「廃プラスチック類（石綿含有産業廃棄物は除く）」などのように都道府県等は処理業者に対して、条件を付加した上で許可を出す場合があります。「〜を除く」や「〜含む」といった表記がある場合にはその内容についても注意しましょう。

■ 図表 3 − 3　その他の条件の一例

- 「作業時間は原則として午前○時から午後○時までとする」
- 「○○条例の定めを遵守すること」
- 「積替え又は保管に伴う搬入又は搬出は、自ら行うこと」
- 「廃プラスチック類（軟質系のものに限る）」
- 「ガラス陶磁器くず（自動車等破砕物を除く）」

また、処分業許可証にはその処分業者が持つ処理施設の能力（処分方法や1日の処理能力等）についても記載されています。これらの情報は一般的に許可証の下部又は裏面に記載されます。委託予定の廃棄物の種類や性状等、想定される排出量などから処理方法や処理能力に問題がないかを確認しましょう。

COLUMN.16 | 許可番号の持つ意味

許可番号の下6桁はその処理業者の固有番号となりますが、他の数字についても、自治体ごとに好きに決めているのではなく、それぞれ意味のある数字となっています。

許可番号は10桁又は11桁の数字で表記されています。この許可番号を把握すれば、その許可がどこのもので、どういった業の許可であるかを知ることができます。

■ 図表3−4　許可番号が持つ意味

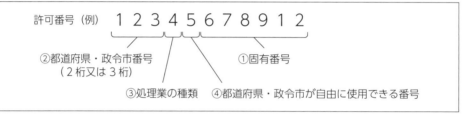

①固有番号

それぞれの処理業者に割り当てられた固有の番号です。どの自治体からどの種類の許可を与えられようとも、同一法人の処理業者であれば、この下6桁は同じです。

②都道府県・政令市番号

頭の2桁又は3桁は、都道府県・政令市番号で、どの自治体の許可であるのかを示しています。001〜047が都道府県、050〜が各政令市の番号です。

③処理業の種類

処理業の種類を示す番号です。許可証にはタイトルとして4種類のいずれかの名称が付けられますが、この番号ではさらに細かく分類して表しています。

■ 図表3−5　処理業の種類番号の意味

0：産業廃棄物収集運搬業（積替を含まない）	5：特別管理産業廃棄物収集運搬業（積替を含まないもの）
1：産業廃棄物収集運搬業（積替を含む）	6：特別管理産業廃棄物収集運搬業（積替を含むもの）
2：産業廃棄物処分業（中間処理のみ）	7：特別管理産業廃棄物処分業（中間処理のみ）
3：産業廃棄物処分業（最終処分のみ）	8：特別管理産業廃棄物処分業（最終処分のみ）
4：産業廃棄物処分業（中間処理・最終処分）	9：特別管理産業廃棄物処分業（中間処理・最終処分）

更新申請の受理印を確認

1－3　許可更新中に期限が切れた場合の対応

重要度 ★★☆

　産業廃棄物処理業の許可には有効期限があり、事業を継続する場合、処理業者は期限内に更新手続を行う必要があります。申請後、受理、審査を経て許可処分がなされ許可証が更新されます。

　一般的に更新に要する期間は60日程度とされていますが、申請書に不備がある、内容に疑義が生ずるなどした場合は審査期間が大幅に伸びることがあり、申請期間中に有効期限を過ぎてしまうケースも生じます。また、申請が有効期限直前であるケースも見受けられます。このように申請期間中に有効期限を迎えた許可証の効力について、廃棄物処理法は次の通り、定めています。

> **法第14条第3項**
> 前項の更新の申請があつた場合において、同項の期間（以下この項及び次項において「許可の有効期間」という。）の満了の日までにその申請に対する処分がされないときは、従前の許可は、許可の有効期間の満了後もその処分がされるまでの間は、なおその効力を有する。
>
> **法第14条第4項**
> 前項の場合において、許可の更新がされたときは、その許可の有効期間は、従前の許可の有効期間の満了の日の翌日から起算するものとする。

■ 図表3－6　許可更新と許可の有効期間

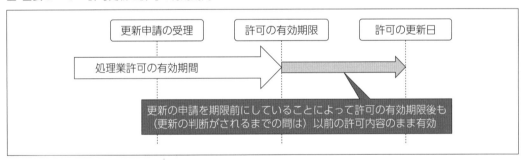

　許可証の期限が切れている場合でも、元の許可の有効期限内に更新申請し、その申請が受理されていれば問題はありません。一旦期限が切れてしまい、改めて許可申請（新規）をしているという場合は許可を受けるまでは許可がない状態となります。

　処理業者は申請が受理されると、申請書の処理業者控えの表紙に受理印が押され、許可の更新がされるまで所持することになります。そのため、処理業者から申請中である旨を確認する際は、受理印が押された更新申請書の表紙の写しを受け取るようにしましょう。

　また、申請から2ヵ月以上たっても申請中の許可が下りない場合、単に自治体の手続きが遅れているだけであれば問題はありませんが、その自治体が許可を出さない何らかの要因が処理業者にある場合があります。許可の更新が大幅に滞っている場合は、その理由を自治体に直接問い合わせる必要があります。更新許可申請が却下されることがあり、漫然と処理委託を継続した場合に無許可業者への委託といった事態が生ずる可能性があるからです。

1−4 収集運搬を委託する際に注意すること

　収集運搬業の許可証は、**産業廃棄物を収集する場所（排出事業場）と運搬の目的地（処分施設等）の許可証を確認**します。収集する場所と運搬の目的地が同一自治体であれば、確認する許可証は1枚でよいですが、自治体をまたいで運搬する場合、原則として確認する許可証は2枚となります。

■ 図表3−7　確認すべき収集運搬業の許可

　収集運搬業の許可について、平成22年の改正で合理化が図られました。処理業の許可に関して管轄する自治体は都道府県と廃棄物処理法が定める政令市であり、その数は改正当時で109自治体、現在は129自治体（令和3年4月現在）あります。そのため、収集運搬業者は全国で収集運搬業を行おうと考えると100以上の自治体から許可を受けなければなりませんでした。

　平成22年改正により、原則として収集運搬業の許可については、**都道府県の許可を受けることで、その区域内の政令市でも収集運搬が可能**となりました（施行令第27条第1項第5号）。

　この合理化により、現在では全国で収集運搬業を行おうとすると、47都道府県で許可を受ければよいことになりました。ただし、**政令市内での積替保管を含む許可については、その保管施設のある政令市の収集運搬業許可が必要**です。

■ 図表3−8　合理化前後のイメージ

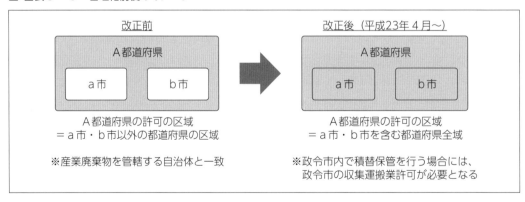

処理業許可は一つでも取り消されるとすべて取り消される

１－５　処理業許可の欠格要件

重要度
★☆☆

　産業廃棄物処理業の許可の基準には、法人の役員などの経営者又は個人事業主が一定の条件に該当した場合に、その許可が必ず取り消されるものがあります。この条件を**欠格要件**と呼びます。

> **法第14条の３の２第１項**
> 都道府県知事は、産業廃棄物収集運搬業者又は産業廃棄物処分業者が次の各号のいずれかに該当するときは、その許可を取り消さなければならない。

　この定めの最後が「取り消さなければならない」とあるように、都道府県知事等はここで定める条件に処理業者が該当した場合は、理由の如何にかかわらず、取り消す義務が生じます。この条件はもともと、許可を受ける際にも定められており、都道府県知事等はこの条件に該当する業者には許可を出してはならないと定められています（法第14条第５項第２号等）。

■ 図表３－９　欠格要件の概要

法人又はその役員や政令で定める使用人が下記に該当する場合（該当するに至った場合）
①　心身の故障によりその業務を適切に行うことができない者又は破産者で復権を得ない者
②　暴力団員又は暴力団員でなくなった日から５年を経過しない者
③　暴力団員等がその事業活動を支配する者
④　禁錮以上の刑に処せられ、その執行を終わった日から、又は執行を受けることがなくなった日から、５年を経過しない者
⑤　法で定める法律の違反により、罰金の刑に処せられ、その執行を終わった日から、又は執行を受けることがなくなった日から、５年を経過しない者
⑥　許可を取り消されてから５年を経過していない者
⑦　許可の取消処分の通知を受けてから、取消処分を受けるまでの間に「廃業届（廃止届）」を提出し、それから５年を経過していない者

　図表３－９の欠格要件については「法人又はその役員」とあるように、役員の一人が七つの条件のうち、どれか一つに該当した時点で、処理業の許可は取り消されます。

　④の通り、産業廃棄物処理業者の役員等の個人が、あらゆる法律に基づいて禁固以上の刑に処せられた場合には欠格要件に該当します。道路交通法も例外ではありません。また、執行猶予が付された場合でも欠格要件に該当します。

　⑤の法で定められる法律には、以下のものが該当します。環境法令や刑法の暴行など、禁固以上の刑ではなく、罰金刑以上に処された場合に欠格要件に該当します。

廃棄物処理法（廃棄物の処理及び清掃に関する法律）、浄化槽法、大気汚染防止法、騒音規制法、海洋汚染防止法（海洋汚染等及び海上災害の防止に関する法律）、水質汚濁防止法、悪臭防止法、振動規制法、特定有害廃棄物等の輸出入等の規制に関する法律、ダイオキシン類対策特別措置法、ポリ塩化ビフェニル廃棄物の適正な処理の推進に関する特別措置法、刑法（第204条：傷害、206条：現場助勢、208条：暴行、208条の2：凶器準備集合及び結集、222条：脅迫、247条：背任）、暴力行為等処罰ニ関スル法律

また、⑥や⑦にある通り、処理業の許可取消処分を受けた場合、その処分を受けた日から5年間は欠格要件なので、処理業者は**処理業許可を受けている自治体のどこか1カ所から許可取消処分を受けると、所持している許可すべてが取り消される**ことになります。

そのため、委託先の処理業者が許可取消処分を受けたことを知った場合、排出事業者は自身の委託している許可と関係のない許可の取消であっても、迅速な対応が求められます。

許可取消は手続きの都合などからすべてが同時に取り消されるわけではありませんが、いずれ必ず取り消されることになるため、処理委託を停止し、新しい処理業者を選定しなければなりません。

COLUMN.17 | 年間の許可取消処分件数

　環境省の公開している情報によると、令和 4 年 1 月現在の産業廃棄物処理業の許可件数は特別管理産業廃棄物処理業と合わせて約23万件あります。この数字はあくまで許可件数のため、全国の処理業者の数と一致するものではありません。環境省や一部の自治体では、産業廃棄物処理業許可について許可取消処分を受けた産業廃棄物処理業者の情報についてウェブサイト等で公開をしています。

■ 図表 3 − 10 　令和 2 年度の許可取消処分件数とその理由

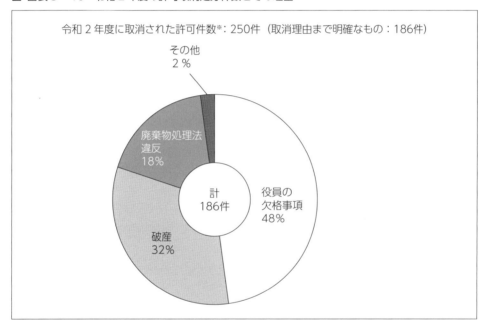

令和 2 年度に取消された許可件数※: 250件（取消理由まで明確なもの：186件）

その他 2 %

廃棄物処理法違反 18%

破産 32%

計 186件

役員の欠格事項 48%

※環境省や自治体の公開情報を基に作成

　令和 2 年 4 月から令和 3 年 3 月の 1 年間の許可取消処分件数は250件でした。近年の許可取消処分件数をみると、平成29年度は396件、平成30年度は264件、令和元年度は355件と、年度ごとに増減しながらも、1 日 1 件程度の許可取消処分が行われていることになります。排出事業者として、委託している処理業者がこういった行政処分を受けていないか情報を収集することは重要です。

一定の評価はできるが、適正処理を保証したものではない

1－6　優良産廃処理業者認定制度

　処理業者に対する評価制度は平成17年に導入された「**優良性評価制度**」から始まりました。その後、都道府県等の制度運用の統一、評価基準の見直し、評価を受けた処理業者へのインセンティブの改善のため、平成22年の法改正において「**優良産廃処理業者認定制度**」へ移行しました。その後令和2年2月には関連する規則が改正されています。主な内容は、処分業許可において「処分後の産業廃棄物の持出先の開示の可否に関する情報」の公表が必要となったこと、事業の透明性について公益財団法人産業廃棄物処理事業振興財団が基準適合を確認し適合証明書を発行する仕組みが構築されたこと、等があります。

　優良産廃処理業者認定を受けることで、処理業者は許可証に「優良」のマークが付くとともに、通常5年間である処理業の許可期限が7年間に延長されます。処理業者が許可の更新を行うには、「産業廃棄物の適正な処理を行うために必要な専門的知識と技能」を有する者の証明として公益財団法人日本産業廃棄物処理振興センター（JWセンター）が主催する講習会の受講料や、各自治体への許可の更新申請手数料により、少なくない費用がかかります。複数の種類の許可を持ち、広域的に収集運搬業などを行っていれば、この費用はさらに膨らむことになりますが、処理業の許可期限が2年延びるという実益もともなう制度となっています。

　処理業者が優良産廃処理業者認定を受けるための条件は大きく五つです。

■ 図表3－11　優良産廃処理業者認定を受けるための主な条件

基準	概要
遵法性	従前の産業廃棄物処理業の許可の有効期間又は当該有効期間を含む連続する5年間のいずれか長い期間において特定不利益処分を受けていないこと。
事業の透明性	法人の基礎情報、取得した産業廃棄物処理業等の許可の内容、廃棄物処理施設の能力や維持管理状況、産業廃棄物の処理状況等の情報を、一定期間継続してインターネットを利用する方法により公表し、かつ、所定の頻度で更新していること。
環境配慮の取組み	ISO14001、エコアクション21等の認証制度による認証を受けていること。
電子マニフェスト	電子マニフェストシステムに加入しており、電子マニフェストが利用可能であること。
財務体質の健全性	①直前3年の各事業年度における自己資本比率が0以上であること。 ②次のイ又はロのいずれかの基準に該当すること。 　イ　直前3年の各事業年度のうちいずれかの事業年度における自己資本比率が10%以上であること。 　ロ　前事業年度における営業利益金額等が0を超えること。 ③直前3年の各事業年度における経常利益金額等の平均値が0を超えること。 ④産業廃棄物処理業等の実施に関連する税、社会保険料及び労働保険料について、滞納していないこと。

※環境省「優良産廃処理業者認定制度運用マニュアル」（改訂　令和2年10月）を基に作成
(http://www.env.go.jp/recycle/manual01_inst-1.pdf)

　優良産廃処理業者認定制度は上記の基準を満たすことで認定を受けることができます。そのため、この認定を受けているということは、少なくとも５年以上の処理業の実績があり、直前３年間の財務体制は健全であり、情報の開示やＩＳＯ14001等の取組みを行うなどの努力をしている、という点で一定の評価に値すると言えます。しかし、将来にわたって適正処理されることを保証するものではないため、優良認定を受けている業者だから安心、全部任せて大丈夫、とは言えないということを認識しておかなければなりません。

委託基準② 「委託契約」

委託前に書面で締結し、終了日から5年間保存する

2−1　事前の契約、契約書の保存

重要度
★★★

　廃棄物処理法では、産業廃棄物の処理を他人へ委託する場合は、委託基準に従わなければならないとしています（法第12条第6項）。委託基準の中に、委託契約を締結することが定められています。**処理委託契約は、処理の委託を行った後ではなく事前に締結しなければなりません。**

　また、その委託契約は書面で締結します。日常の買い物に代表される一般的な売買契約では書面を必要としませんが、廃棄物処理法では法律の中で、契約を書面で行うことが求められています。

> **施行令第6条の2**
> 四　委託契約は、書面により行い、当該委託契約書には、次に掲げる事項についての条項が含まれ、かつ、環境省令で定める書面が添付されていること。

　そして、**契約書は契約の終了日から5年間保存します**（施行規則第8条の4の3）。

　契約書の保存期間は契約締結日からではなく、契約が終了した日からということに注意が必要です。実際に締結された契約書の中には、契約期間において自動更新の定めを設けているものがあります。自動更新とは、契約期間を定めた上で、「契約期間満了の○ヵ月前までに甲乙の一方から解約の申し入れがない限り、同一の条件で更新されたものとし、その後も同様とする」といった取り決めを指します。

　長期的・継続的な委託を行う場合は、このような文言を定めることで、契約期間切れによる法令違反を防止でき、契約書作成の作業を省略できるメリットがあります。一方で、自動更新の定めがある場合、解約の手続きがされない限りその契約は有効であり続けます。法律の契約書の保存期間の定めは「契約終了日から」5年であるため、自動更新の定めがある場合、解約しない限り永久的に保存の義務が発生します。自動更新を定めて契約している場合は、取引が終わった際に解約の手続きを忘れないように注意しなければなりません。契約の解除や継続に関する定めは、契約当事者間で共有の上、自社の管理体制などを考慮して定めるようにしましょう。

排出事業者責任の範囲と直接契約の範囲は違う

2−2　契約の相手方

重要度
★★★

　排出事業者は、産業廃棄物の処理を委託するにあたり、収集運搬について収集運搬業者と、処分について処分業者と、それぞれに直接契約する必要があります。

　処分契約について、委託した中間処理によって最終処分が完了しない場合に、中間処理後の残さの最終処分を行う者との直接契約は必要ありません。ただし、中間処理の処分契約において、最終処分に関する情報も記載することになります。つまり、排出事業者が直接契約しなければならない処理業者は、最初に処分されるまでに処理を行う収集運搬業者と処分業者（**一次委託の処理業者**）であると言えます。この一次委託という表現は、法的な用語ではありませんが、廃棄物の処理を行う際によく使われる表現です。中間処理を複数回行う場合、廃棄物の処分が行われることを区切りとして、一般的に一次委託、二次委託……と使われます。

■ 図表 3 −12　排出事業者が処理委託契約を締結しなければならない相手方

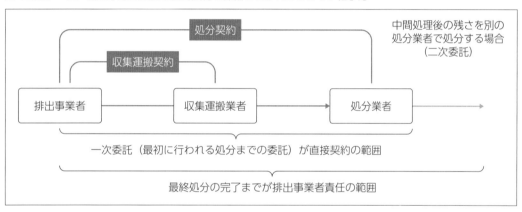

　図表 3 −13のように処分施設までの収集運搬において、積替保管を行う場合、第 1 区間（排出事業場→積替保管場所）と第 2 区間（積替保管場所→処分施設）の収集運搬業者のそれぞれと収集運搬委託契約が必要となります。

■ 図表 3 −13　積替保管を行う場合の直接契約の相手方

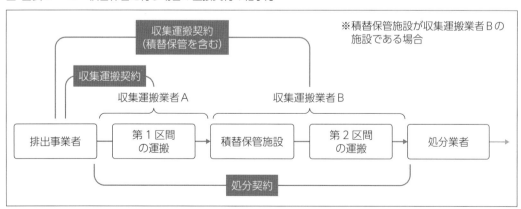

COLUMN.18 | いわゆる三者契約

　排出事業者は産業廃棄物の処理を委託する場合、収集運搬については収集運搬業者と、処分については処分業者と、それぞれ直接契約する必要がありますが、排出事業者、収集運搬業者、処分業者が収集運搬、処分について、一つの契約を締結する、いわゆる三者契約は可能なのでしょうか。平成6年2月17日「産業廃棄物の運搬、処分等の委託及び再委託の基準に係る廃棄物の処理及び清掃に関する法律適用上の疑義について」（衛産第20号）では、下記の通り示されています。

> 問16　排出事業者が産業廃棄物処分業者Aと直接接触してAの能力等を確認することなく、産業廃棄物収集運搬業者Bの説明を聞いたのみで、AとBを契約相手とする、いわゆる三者契約を締結することは委託基準に反すると考えるがどうか。
> 　答　お見込みのとおり。

　「一般的な三者契約」は、合意に実質的に関与した者と契約書に記名押印したものが同一で、この三者が契約することです。
　一方、「上記通知の三者契約」は、合意に実質的に関与していない処分業者も含めた三者（排出事業者・収集運搬業者・処分業者）が記名押印した一通の契約書を意味しています。ここで通知が禁止しているのは、合意に関与していない者を契約書に当事者として記載することです。排出事業者が収集運搬について収集運搬業者と、処分について処分業者とそれぞれ合意（契約）したうえで、三者（排出事業者・収集運搬業者・処分業者）が一通の契約書に記名押印することが否定されているわけではありません。しかし、排出事業者がそれぞれの処理業者と委託内容に合意したことを明確にするために、三者が一通の契約書に記名押印することは、避けた方がよいと考えられます。

COLUMN.19 | 委任を受けて契約する場合

　排出事業者が委託契約を第三者に委任することは認められるのでしょうか。これについては、「医療機関に退蔵されている水銀血圧計等回収マニュアル」（平成28年3月（平成29年3月一部改訂）環境省大臣官房廃棄物・リサイクル対策部）に下記の通り示されています。

コラム　郡市区医師会への委託契約権限の委任について

　水銀血圧計等の産業廃棄物の排出事業者である各医療機関は、廃棄物処理法に基づき収集運搬業者・処分業者それぞれと処理委託契約を締結する必要がある。

　本マニュアルでは、回収事業を効率的に実施するため、各医療機関が両処理業者と契約を締結せず、排出事業者団体である郡市区医師会に契約締結権限を委任することにより、委任を受けた郡市区医師会と両処理業者が処理委託契約を締結する方法（ただし、契約の当事者は、各医療機関と両処理業者）を示している。ただし、この方法は、契約締結に関する権限のみを委任するもので、あくまでも排出事業者は各医療機関であり、排出事業者責任が郡市区医師会に転嫁されるものではないことに留意が必要である。

　このように、マニュアルには、委託契約の締結権限を第三者に委任し、委任された者が排出事業者を一括して契約を締結する運用方法が示されています。委任できるのは、契約の締結権限のみであり、委任したからといって、排出事業者責任が受任者に転嫁されるものではありません。また、マニュアルの水銀血圧計等のように、一括して締結することが合理的で、かつ適正処理体制を構築する目的が明確である場合等に運用すべき方法と考えます。

2−3　契約の相手を知る上で把握しておきたい条項

　排出事業者の処理責任は廃棄物処理法第12条第7項で次のように定められており、最終処分の終了までの一連の処理工程を把握する義務があることを示しています。

法第12条第7項
事業者は、前二項の規定によりその産業廃棄物の運搬又は処分を委託する場合には、当該産業廃棄物の処理の状況に関する確認を行い、当該産業廃棄物について発生から最終処分が終了するまでの一連の処理の行程における処理が適正に行われるために必要な措置を講ずるように努めなければならない。

　一方で排出事業者として、一次委託の中間処理以降の廃棄物について、直接の処理委託契約は不要となります。これは排出事業者が直接委託しているわけではないと解釈されているためです。
　その根拠となる条項が廃棄物処理法第12条第5項です。

法第12条第5項
事業者（中間処理業者（発生から最終処分（埋立処分、海洋投入処分（海洋汚染等及び海上災害の防止に関する法律に基づき定められた海洋への投入の場所及び方法に関する基準に従つて行う処分をいう。）又は再生をいう。以下同じ。）が終了するまでの一連の処理の行程の中途において産業廃棄物を処分する者をいう。以下同じ。）を含む。次項及び第七項並びに次条第五項から第七項までにおいて同じ。）は、その産業廃棄物（特別管理産業廃棄物を除くものとし、中間処理産業廃棄物（発生から最終処分が終了するまでの一連の処理の行程の中途において産業廃棄物を処分した後の産業廃棄物をいう。以下同じ。）を含む。次項及び第七項において同じ。）の運搬又は処分を他人に委託する場合には、その運搬については第十四条第十二項に規定する産業廃棄物収集運搬業者その他環境省令で定める者に、その処分については同項に規定する産業廃棄物処分業者その他環境省令で定める者にそれぞれ委託しなければならない。

　法第12条第5項には、事業者が産業廃棄物の運搬又は処分を委託する場合には、それぞれ許可を持つ業者又は環境省令で定める者に委託しなければならないと定められています。そして、この事業者には「中間処理産業廃棄物」（いわゆる中間処理後の残さ）を排出する中間処理業者も含まれています。つまり、中間処理業者が、中間処理後の残さについて、運搬や処分を他人に委託する場合は、許可のある業者に委託しなければならないと定められています。ここから、中間処理後の残さについて、中間処理業者は排出事業者ではありませんが、その処理委託は中間処理業者が委託基準に従って行うものであると考えます。
　ただし、**最終処分先がどこで、どのような処分がされるか等について把握する等、最終処分が終了するまでの責任は排出事業者にある**と言えます。

COLUMN.20 | 読みづらい条文の簡単な読み方

　廃棄物処理法第12条第 5 項の条文のように、途中に補足や除外の文言が多用されると非常に読みづらくなります。そのような読みづらい条文の内容を簡単に理解する方法は、「まず（　）の表記を省略して読む」ことです。

　廃棄物処理法第12条第 5 項の条文に出てくる（　）をすべて取り除くと次のようになります。

法第12条第 5 項
事業者（中間処理業者（発生から最終処分（埋立処分、海洋投入処分（海洋汚染等及び海上災害の防止に関する法律 に基づき定められた海洋への投入の場所及び方法に関する基準に従つて行う処分をいう。）又は再生をいう。以下同じ。）が終了するまでの一連の処理の行程の中途において産業廃棄物を処分する者をいう。以下同じ。）を含む。次項及び第七項並びに次条第五項から第七項までにおいて同じ。）は、その産業廃棄物（特別管理産業廃棄物を除くものとし、中間処理産業廃棄物（発生から最終処分が終了するまでの一連の処理の行程の中途において産業廃棄物を処分した後の産業廃棄物をいう。以下同じ。）を含む。次項及び第七項において同じ。）の運搬又は処分を他人に委託する場合には、その運搬については第十四条第十二項に規定する産業廃棄物収集運搬業者その他環境省令で定める者に、その処分については同項に規定する産業廃棄物処分業者その他環境省令で定める者にそれぞれ委託しなければならない。

事業者（略）は、その産業廃棄物（略）の運搬又は処分を他人に委託する場合には、その運搬については第十四条第十二項に規定する産業廃棄物収集運搬業者その他環境省令で定める者に、その処分については同項に規定する産業廃棄物処分業者その他環境省令で定める者にそれぞれ委託しなければならない。

　つまり、この条文では産業廃棄物を委託する場合は原則として、収集運搬は産業廃棄物収集運搬業の許可を持つ業者へ、処分は産業廃棄物処分業の許可を持つ業者へ委託しなければならない、と書かれています。

　見比べてみると（　）の中身をすべて省略するだけで非常に読みやすくなることが分かります。

　法律で定められた内容を十分に把握、理解するためには、読み飛ばした（　）で書かれる補足や除外の内容も確認しなければなりませんが、最初におおよその内容を把握するという場合にはこの読み方は非常に有効です。

2－4　契約書の記載事項

重要度
★★★

　産業廃棄物を委託する際の委託契約書は、排出事業者と委託予定の処理業者とで書面で結ばれていればそれでよいというものではありません。廃棄物処理法では処理委託契約書に対して必ず添付しなければならない書面（施行規則第8条の4）と記載しておかなければならない事項（施行令第6条の2第4号、施行規則第8条の4の2）が定められています。

■ 図表3－14　契約書の法定記載事項一覧表

区分	法律で定められる記載事項	備考
共通	産業廃棄物の種類及び数量	数量は予定でも構わない
	委託契約の有効期間	自動更新の定めがあっても構わない
	受託者に支払う料金	単価と数量から算出できればよい
	受託者の事業範囲※許可証を添付すること	「添付する許可証の通り」でも構わない
	産業廃棄物の性状及び荷姿	性状：固形・液体など 荷姿：袋・コンテナなど
	産業廃棄物の性状の変化（通常の保管下で）	腐敗や揮発の可能性など
	産業廃棄物の混合等による支障	
	JIS C0950含有マークの表示に関する事項	委託する産業廃棄物にJIS C0950含有マークが含まれる場合に記載
	石綿含有産業廃棄物、水銀使用製品産業廃棄物、水銀含有ばいじん等が含まれる旨	それぞれが含まれる場合に記載
	その他産業廃棄物取扱い上の注意	
	上記6項目の変更情報の伝達方法	書面・ＦＡＸ等、伝達の方法は問わない
	受託業務終了の報告に関する事項	マニフェストによる報告で構わない
	契約解除時の産業廃棄物の取扱い	契約解除のための条件ではない 解除した場合の処理されない廃棄物の責任など
収集運搬	運搬の最終目的地の所在地	実際に搬入する施設を記入（業者の本社ではない）
	積替保管を行う場所の所在地	積替保管を行う場合に記載
	積替保管できる産業廃棄物の種類・保管上限	
	他の廃棄物と混合することの許否等に関する事項	積替保管を行う場合であり、廃棄物が安定型産業廃棄物である場合に記載
処分	処分（再生）場所の所在地・方法・処理能力	受託者が行う処分に関する情報を記載する
	最終処分の場所の所在地・方法・処理能力	中間処理後の残さの最終処分情報を含む
	輸入された廃棄物である旨	輸入された廃棄物である場合に記載

　産業廃棄物の処理委託契約書は**収集運搬委託契約書**と**処分委託契約書**の大きく2つに分けることができます。図表3－14の区分が「共通」となっている部分の記載事項は、収集運搬委託契約書でも、処分委託契約書でも記載しなければならない事項です。区分が「収集運搬」となっている部分は収集運搬委託契約書で、「処分」となっている部分は処分委託契約書で、それぞれ記載しなければなりません。

　つまり、収集運搬委託契約書を締結する場合は表の中の「共通」と「収集運搬」となっている事項を、処分委託契約書を締結する場合は「共通」と「処分」となっている事項を記載します。

　産業廃棄物の委託契約書は、行政や全国産業資源循環連合会をはじめとした各業界団体などから「ひな形」が公開されています。それらのひな形を利用する場合は、基本的に図表3－14にまとめた記載事項について記入する欄が必ず設けられています。

　そのため、**契約書を作成する際に注意すべきことは記載漏れ**です。各団体等が公開するひな形では、「法定記載事項を記入する欄」は設けられていますが、その欄に実際の内容を記載しなければ記載事項を満たしているとは言えません。

　特に**記載漏れが多い項目は、産業廃棄物の「数量」と「受託者に支払う料金」**です。契約書の締結は事前に行わなければならないため、実際に排出する数量は委託してみるまで分からないことがよくあります。そして、数量が分からなければ受託者に支払う料金も算出できません。

　廃棄物処理法では委託基準として法定の記載事項を満たした契約を事前に結ぶことを義務付けています。委託基準の中には、**数量等は事後でもよいといった例外はありません**。数量や受託者に支払う料金については予定でよいとされています。つまり、契約書に記載していた数量や金額と、実際に委託した量や処理費用は常識的な範囲で異なっていても問題はありません。また、受託者に支払う料金の記載方法についても、予定数量とその廃棄物の処理単価を記載することで、書面上で金額の算出が可能であれば、記載されているものとみなされます。

　契約書の記載事項の中の「変更情報の伝達方法」は平成18年7月から追加された項目であるため、それ以前から委託関係にある処理業者との契約書の場合、記載事項として漏れてしまっていたり、法改正の情報に疎い処理業者が用意した書式では反映されていなかったりするため注意が必要です。具体的な伝達方法については規定がないため、ＦＡＸでもメールでも問題はなく、実務上可能な方法を記載します。

■ **図表3－15　契約書に添付すべき書面**

委託する業者に応じて下記のいずれかの書面
　・産業廃棄物処理業の許可証の写し（委託する内容に合った許可証）
　・再生利用に係る環境大臣の認定証の写し
　・広域的処理に係る環境大臣の認定証の写し
　・無害化処理に係る環境大臣の認定証の写し
　・他人の産業廃棄物の運搬又は処分を業として行うことができる者であって、委託しようとする産業廃
　　棄物の運搬又は処分が、その事業の範囲に含まれるものであることを証する書面

　委託契約書には記載事項の他に、その契約書に添付しなければならない書面についても定められています。処理業者へ委託する場合、その委託先の処理業許可証がそれに当たります。ただし、廃

棄物処理法では業の許可が不要となる規定があります。図表３−15のうち、産業廃棄物処理業許可証の写し以外はそのような許可が不要となる業者へ処理を委託する際に、業の許可証の代わりに添付しなければならない書面です。

　その他、過去の通知から、産業廃棄物処理委託契約書の記載事項についての考え方を紹介します。当時の法令に基づいて示されている通知であるため、現行制度と異なる部分もありますが、契約書を作成する際の考え方においては参考になります。

> **廃棄物の処理及び清掃に関する法律の一部改正について　（抜粋）**
> 平成４年８月13日　衛環233号　　改定　平成９年９月30日　衛環251号
> ５　産業廃棄物の運搬又は処分等の委託
> (2)　委託契約に記載する事項のうち、委託する産業廃棄物の種類及び数量については、法及び令で規定する19種類の区分ごとにその数量を記載すること。なお、この場合、廃棄物が一体不可分に混合している場合にあっては、その廃棄物の種類を明記したうえで、それらの混合物として、一括して数量を記載しても差し支えないこと。また、数量については原則として、計量等により産業廃棄物の数量を把握し、記載することとするが、廃棄物の種類に応じ、車両台数、容器個数等を併記することなどにより、契約当事者双方が了解できる方法により記載することをもって代えることができること。
> (3)　契約書には、令第６条の２第２号に掲げる全ての事項の記載が必要であるが、契約書中における具体的な表現は、法令の趣旨に反しない限り、契約当事者に委ねられていること。

　契約書に記載する廃棄物の数量について、法令で定められる種類ごとに記載することが原則ですが、一体不可分の状態である場合には「その廃棄物の種類を明記したうえで、それらの混合物として、一括して数量を記載」することも差し支えないとされています。

> **廃棄物の処理及び清掃に関する法律の一部改正について　（抜粋）**
> 平成10年５月７日　衛環37号　　改定　平成10年６月17日　衛環52号
> 第８　産業廃棄物の運搬又は処分等の委託基準及び再委託基準の強化について
> １　委託契約書の記載事項
> (2)　委託契約の有効期間
> 　委託契約の開始年月日と終了年月日が明らかになるものであること。ただし、双方の合意により、たとえば契約終了年月日の１月前までに互いに契約を解除する旨の通知がない場合は契約が自動的に更新されることになる旨を記載することは差し支えないこと。
> (3)　受託者が委託者に支払う料金
> 　二者間契約の徹底を図るため、当該契約に関し委託者が受託者に支払う処理料金を明らかにするものであること。なお、処理料金としては１月当たり又は単位廃棄物量当たりの処理料金を記載しても差し支えないこと。

　委託契約の有効期間を記載する必要がありますが、自動更新を定めることが否定されてはいないことが示されています。また、受託者に支払う料金については、期間あたりの費用を設定する場合を含めて、単位当たりの処理料金（単価）を記載することも否定されません。

COLUMN.21 | 処理費用の支払い方

　廃棄物処理法では、収集運搬業者や処分業者と契約することが義務付けられ、処理費用の金額を契約書に記載することが定められています。

　しかし、廃棄物処理法では、費用の支払方法に関しては定めがありません。そのため、支払方法は基本的に自由と考えられています。費用の支払方法は実態として様々な方法がとられていますが、主なものは大きく3つです。

①収集運搬業者と処分業者にそれぞれ、排出事業者から直接支払いを行っている場合

　この支払方法は、それぞれの業者と直接契約を結び、それぞれの契約で処理費用の記載を求めている法の趣旨に最も則った望ましい方法と言えます。

②収集運搬業者へ処分費用もまとめて支払い、処分業者へは収集運搬業者から支払う場合

　この場合に注意すべきことは、収集運搬業者から処分業者へ、適切に処分費用の支払いがされているかということです。実際に過去に不適正処理につながった事例の中には、排出事業者は処分費も含めて支払いをしていたが、収集運搬業者から処分業者へ適切な支払いが行われていなかったというものもありました。収集運搬業者と処分業者が同じグループ会社であるなど一部の例外を除き、透明性に問題がある場合が多く、注意が必要です。

③管理業者（第三者）を通して、処理費の支払いをしている場合

　これは、処理業者の取りまとめを行っているようないわゆる**管理会社**を通して費用の支払いを行っている場合です。管理会社を通すことで、請求書等の経理事務の一元化ができ、処理業者の施設確認の代行を管理会社に任せるなどしている排出事業者もいます。特に事業エリアが広く、すべてのエリアの処理業者の管理を排出事業者自身で行うことが現実的ではない排出事業者などに多く見られます。この場合も支払いが不透明になりやすいため、管理会社が処理業者へどのように支払っているかなどを確認する必要があります。

　廃棄物処理法には処理費用の支払方法についての規定がないため、②や③の方法でも直ちに法令違反とは言えません。

　都道府県等によっては、②や③の方法による支払いがされていると分かった場合には改善を指導しているところもあります。平成29年3月21日に環境省から「廃棄物処理に関する排出事業者責任の徹底について（通知）」（環廃対発第1703212号・環廃産発第1703211号）が出されました。この中で環境省は「処理委託の根幹的内容（委託する廃棄物の種類・数量、委託者が受託者に支払う料金、委託契約の有効期間等）（略）の決定を第三者に委ねるべきではない。」としています。

法定記載事項に係る変更には対応が必要

2−5　契約書の内容変更

重要度
★☆☆

　産業廃棄物の処理をある程度長期的・継続的に委託する場合、委託契約期間中に契約内容の変更が生じることがあります。契約内容に変更が生じた際には、変更前の契約書を解除して新しく契約を結び直す、覚書などで現在の契約書に変更事項を追加する、軽微なものと判断して特に書面上などに記録を残さない、といった変更内容に応じた対応をする必要があります。

■　図表 3−16　契約内容の変更事項と対応方法

書面上での対応が必要	【法定記載事項の変更】
	法定記載事項に関する変更は書面上での対応が必要
	（例）・廃棄物の種類や性状等に係る追加、変更
	・処理単価など契約金額の変更に係る変更
	・処分場所や運搬の目的地等に係る追加、変更（所在地や処理能力　等）
	・契約解除時の廃棄物の取扱いに係る変更
書面上での対応は当事者間の判断による	【法定記載事項以外の契約内容の変更】
	法的記載事項以外の事項は契約自由の原則に基づき、対応方法は当事者間の自由と考える
	（例）・処理費用等の支払い方法に係る変更
	・社名や契約書に署名している代表の変更
	・会社の吸収合併などによる変更
	・その他廃棄物処理法で定められた記載事項以外の変更

　書面上での対応方法としては、契約書を改めて作成し直す方法と、現状の契約書に覚書などによって変更部分のみの合意文書を作成する方法がありますが、これらは当事者間の取決めによって決定します。
　産業廃棄物の数量については法定記載事項と言えますが、事前に契約するため、契約書には基本的に予定数量が記載されます。そのため、常識の範囲内で起こり得る軽微な増減については、その都度、変更を書面に残す必要はないとも考えられます。ただし、処理業者側の処理能力などと照らして著しく負担を与えるような数量の変更については、事前に書面上での対応が必要です。

適正処理のために必要かどうかを判断する

2－6　WDSは必要？不要？

重要度
★☆☆

　委託契約書には、「産業廃棄物の性状」や「その他産業廃棄物取扱い上の注意」といった事項を記載することが定められています。これらの排出事業者から処理業者へ告知すべき産業廃棄物の情報について、環境省では**廃棄物データシート（WDS）**を活用することを推奨しています。

■ 図表 3－17　WDSの様式

＜表面＞
廃棄物データシート（WDS）

管理番号 ....

※1 本データシートは廃棄物の成分等を明示するものであり、排出事業者の責任において作成して下さい。
※2 記入については、「廃棄物データシートの記載方法」を参照ください。

作成日　平成　　年　　月　　日　　　　　　　　　記入者

1	排出事業者	名称		所属	
		所在地 〒		担当者	TEL / FAX
2	廃棄物の名称				

3　廃棄物の組成・成分情報（比率が高いと思われる順に記載）　主成分／他　　MSDSがある場合、CAS No.
□ 分析表添付（組成）
・成分名と混合比率を書いて下さい。 ばらつきがある場合は範囲で構いません。
・商品名ではなく物質名を書いて下さい。重要と思われる微量物質も記入して下さい。

4　廃棄物の種類
□産業廃棄物　□汚泥　□廃油　□廃酸　□廃アルカリ
□その他（　　　　　　　　　　　　　　　　　　　）
※ 廃棄物が以下のいずれかに該当する場合
□石綿含有産業廃棄物　　□水銀使用製品産業廃棄物　　□水銀含有ばいじん等

□特別管理産業廃棄物
□引火性廃油　　□強アルカリ(有害)　□指定下水汚泥　□廃酸(有害)
□引火性廃油(有害)　□感染性廃棄物　□鉱さい(有害)　□廃アルカリ(有害)
□強酸　　□PCB等　　□燃えがら(有害)　□ばいじん(有害)
□強酸(有害)　□廃水銀等　□廃油(有害)　□13号廃棄物(有害)
□強アルカリ　□廃石綿等　□汚泥(有害)

5　特定有害廃棄物
（ ）には混入有りは○、無しは×、混入の可能性があれば△
□ 分析表添付（廃棄物処理法）

アルキル水銀	（　）	トリクロロエチレン	（　）	1,3-ジクロロプロペン	（　）
水銀又はその化合物	（　）	テトラクロロエチレン	（　）	チウラム	（　）
カドミウム又はその化合物	（　）	ジクロロメタン	（　）	シマジン	（　）
鉛又はその化合物	（　）	四塩化炭素	（　）	チオベンカルブ	（　）
有機燐化合物	（　）	1,2-ジクロロエタン	（　）	ベンゼン	（　）
六価クロム化合物	（　）	1,1-ジクロロエチレン	（　）	セレン	（　）
砒素又はその化合物	（　）	シス-1,2-ジクロロエチレン	（　）	ダイオキシン類	（　）
シアン化合物	（　）	1,1,1-トリクロロエタン	（　）	1,4-ジオキサン	（　）
PCB		1,1,2-トリクロロエタン	（　）		

6　PRTR対象物質
届出事業所（該当・非該当）、　委託する廃棄物の該当・非該当（該当・非該当）
※ 委託する廃棄物に第1種指定化学物質を含む場合、その物質名を書いて下さい。

7　水道水源における消毒副生成物前駆物質
生成物質：ホルムアルデヒド（塩素処理により生成）
□ヘキサメチレンテトラミン(HMT)　□1,1-ジメチルヒドラジン(DMH)
□N,N-ジメチルアニリン(DMAN)　□トリメチルアミン(TMA)　□テトラメチルエチレンジアミン(TMED)
□N,N-ジメチルエチルアミン(DMEA)　□ジメチルアミノエタノール(DMAE)
生成物質：クロロホルム（塩素処理により生成）
□アセトンジカルボン酸　□1,3-ジハイドロキシルベンゼン（レゾルシノール）
□1,3,5-トリヒドロキシベンゼン　□アセチルアセトン　□2'-アミノアセトフェノン
□3'-アミノアセトフェノン
生成物質：臭素酸(オゾン処理により生成)、ジブロモクロロメタン、ブロモジクロロメタン、ブロモホルム(塩素処理により生成)
□臭化物(臭化カリウム等)

8　その他含有物質
（ ）には混入有りは○、無しは×、混入の可能性があれば△
□ 分析表添付（組成）

硫黄	（　）	塩素	（　）	臭素	（　）
ヨウ素	（　）	フッ素	（　）	炭酸	（　）
硝酸	（　）	亜鉛	（　）	ニッケル	（　）
銅	（　）	アルミ	（　）	アンモニア	（　）
ホウ素	（　）	その他	（　）		

※出典：環境省「廃棄物情報の提供に関するガイドライン（第2版）」
（http://www.env.go.jp/recycle/misc/wds/mat01.pdf）

委託契約書で記載しなければならない産業廃棄物の情報は「性状」「荷姿」「性状の変化」「混合等による支障」「取扱い上の注意」に加えて、「石綿含有産業廃棄物等や日本産業規格Ｃ0950含有マークに該当する場合はその旨」が定められていますが、これらの記載について、ＷＤＳの使用が義務付けられているわけではありません。

　ただし、委託契約書の書式によっては、これらの産業廃棄物の情報について必要事項を記載する欄がなく、「廃棄物データシート（ＷＤＳ）などを予め提供する」と書かれ、具体的な記載がないものもあります。そのような契約書の場合、ＷＤＳなどの書面が契約書に添付されていなければ法定記載事項が満たせていないことになり、契約書の不備と判断されることがあります。

　また、廃棄物処理法では事業者は「一連の処理の行程における処理が適正に行われるために必要な措置を講ずるように努めなければならない」（法第12条第7項）と定められています。

　この努力義務の観点から、委託する産業廃棄物について、**法定の記載事項以上に告知しておくべき情報がある場合には、処理業者へ正しく告知する責任は排出事業者にあります**。環境省はＷＤＳの活用について「廃棄物情報の提供に関するガイドライン（第2版）」の中で、外観から含有物質や有害特性が判りにくい**汚泥・廃油・廃酸・廃アルカリ、あるいは付着・混入等により有害物質等を含むなど環境保全上の支障が生ずる可能性がある廃棄物について、ＷＤＳを活用する必要性が特に高い**としています。

　ＷＤＳは、産業廃棄物に関する情報提供を補完する役割を担うものであり、その使用は廃棄物処理法で義務付けられているものではありませんが、環境省が「廃棄物情報の提供に関するガイドライン（第2版）」で示す通り、外観から含有物質や有害特性が判りにくい産業廃棄物についてはＷＤＳなどを活用し、法定記載事項以上の情報提供を行うことが望ましいと言えます。

　ＷＤＳは、「第5章5−5」で紹介する化管法で定められたＳＤＳ（安全データシート）制度を参考に作られました。ＳＤＳとは、製品等に使用された特定の化学物質について、その内容や取扱いにおける注意事項などの情報を取引先へ伝達するために使用が義務付けられているシートです。

■ 図表3−18　ＳＤＳとＷＤＳの違い

種類	対象	目的	義務
ＳＤＳ （安全データシート）	特定の化学物質が使用されている製品等	含有される化学物質の情報を正確に伝達する	化管法で義務付けられる
ＷＤＳ （廃棄物データシート）	廃棄物 （特に液状のもの等）	廃棄物の情報を正確に伝達する	法的な義務はない

委託時のルール「マニフェスト制度」

　産業廃棄物の委託時のルールとして契約書と並んで欠かせないものが**産業廃棄物管理票制度**、いわゆる**マニフェスト制度**です。マニフェストの運用方法は紙のマニフェストかＪＷＮＥＴを利用した電子マニフェストかの大きく２つです。また、最近では電子マニフェストの運用方法としてＡＳＰサービスの利用も増えています。基本となる紙のマニフェストから、その制度を解説していきます。

排出事業者が最終処分終了までの進捗を把握するための制度

３−１　マニフェスト制度の目的

重要度
★★☆

　マニフェスト制度は平成２年の厚生省（当時）の指導がそのはじまりです。この時はマニフェスト使用に義務はなく、マニフェストも紙のマニフェストのみでした。その後、平成４年に特別管理産業廃棄物にのみ使用が義務化されました。平成10年にはすべての産業廃棄物において使用が義務付けられ、同時に電子マニフェストも創設されました。平成13年の法改正でマニフェストにより最終処分の完了まで確認すること（Ｅ票）が定められました。

　マニフェスト（産業廃棄物管理票）制度には、二つの役割があると言えます。一つは排出事業者が産業廃棄物を処理委託する際に、その産業廃棄物の性状等や処理委託先の情報を処理業者へ伝達する、**情報伝達のためのツール**としての役割です。二つ目はその産業廃棄物の収集運搬、中間処理、最終処分が完了するごとに完了報告を受けることで、排出事業者が処理の進捗を把握し、不法投棄をはじめとする不適正処理を防止する、**処理の進捗確認のためのツール**としての役割です。現在マニフェストは紙のマニフェストと電子マニフェストの２種類があり、どちらを使用するかは排出事業者が判断します。平成29年の法改正によって、特別管理産業廃棄物の多量排出事業者については、令和２年度（2020年度）から電子マニフェストを使用することが義務化されています。

　マニフェスト制度では、排出事業者に大きく４つの義務を課していると整理できます。それは**交付義務、措置義務、保存義務、報告義務**です。

■ 図表３−19　マニフェストに関する４つの義務

①	交付義務	産業廃棄物を処理受託者に引き渡す際に産業廃棄物の種類や数量等の環境省令にて定められている情報を記載したマニフェストを交付しなければなりません。
②	措置義務	マニフェストによる処理終了報告が環境省令に定められた期間内にない場合、当該産業廃棄物の処理状況を把握するとともに、適切な措置を講じなければなりません。
③	保存義務	交付したマニフェスト、並びに処理終了報告を受けたマニフェストは５年間保存しなければなりません。
④	報告義務	産業廃棄物の排出事業場ごとに、毎年６月末までに前年度１年間に交付したマニフェスト情報の報告書（施行規則様式第三号）を作成し、報告しなければなりません。

マニフェストの交付・運用にあたっては、「マニフェスト通知」ともよばれる、以下の通知が参考になります。ここでは交付に関する記載を抜粋して解説しますが、抜粋部分に続く（2）には記載事項に関する解説があります。これについては、本章3－3と合わせて、確認することができます。

産業廃棄物管理票制度の運用について（通知）平成23年3月17日　環廃産発第110317001号　（抜粋）

２．管理票の交付　(1)　交付手続

① 事業者は、産業廃棄物の引渡しと同時に運搬受託者（処分のみを委託する場合にあっては処分受託者）に管理票を交付しなければならないこと。このため通常は、運搬受託者が複数の運搬車を用いて運搬する場合には、運搬車ごとに交付することが必要となるが、複数の運搬車に対して同時に引き渡され、かつ、運搬先が同一である場合には、これらを1回の引渡しとして管理票を交付して差し支えないこと。

② 管理票の交付については、例えば農業協同組合、農業用廃プラスチック類の適正な処理の確保を目的とした協議会又は当該協議会を構成する市町村が農業者の排出する廃プラスチック類の集荷場所を提供する場合、ビルの管理者等が当該ビルの賃借人の産業廃棄物の集荷場所を提供する場合、自動車のディーラーが顧客である事業者の排出した使用済自動車の集荷場所を提供する場合のように、産業廃棄物を運搬受託者に引き渡すまでの集荷場所を事業者に提供しているという実態がある場合であって、当該産業廃棄物が適正に回収・処理されるシステムが確立している場合には、事業者の依頼を受けて、当該集荷場所の提供者が自らの名義において管理票の交付等の事務を行っても差し支えないこと。なお、この場合においても、処理責任は個々の事業者にあり、産業廃棄物の処理に係る委託契約は、事業者の名義において別途行わなければならないこと。

③ 「産業廃棄物の種類ごとに交付する」とは、廃棄物の処理及び清掃に関する法律（昭和45年法律第137号。以下「法」という。）第2条第4項及び廃棄物の処理及び清掃に関する法律施行令（昭和46年政令第300号。以下「令」という。）第2条に規定する産業廃棄物の種類ごとに管理票を交付することを原則とするが、例えばシュレッダーダストのように複数の産業廃棄物が発生段階から一体不可分の状態で混合しているような場合には、これを1つの種類として管理票を交付して差し支えないこと。

④ 産業廃棄物が1台の運搬車に引き渡された場合であっても、運搬先が複数である場合には運搬先ごとに管理票を交付しなければならないこと。

　産業廃棄物管理票の交付は、廃棄物の引き渡しと同時に必要であるため、車両を使用して運搬する場合には、原則として運搬車ごとに必要となります（①）。また、1台の運搬車に積み込む場合でも、委託する産業廃棄物の種類ごとに、また運搬先ごとに交付する必要があります（③、④）。

　複数の排出事業者が同じ性状の廃棄物を排出し、集荷場所を共有している場合には、集荷場所の提供者が代表する形でマニフェストを交付することも認められるとされています（②）。ただし、通知内でも解説があるように、あくまでもマニフェストの交付の事務に限定され、集荷場所の提供者が排出事業者となるとは考えられません。

マニフェストは処理終了を知らせる手紙のような報告書

3－2　マニフェストの運用の流れと各帳票の役割

重要度
★★★

マニフェストは一般的に公益社団法人全国産業資源循環連合会が販売するカーボン紙を使用した7枚綴りの伝票がよく知られています。また、建設系専用のマニフェストとして、建設六団体副産物対策協議会が作成、発行し、建設マニフェスト販売センターが取り扱うものもあります。

排出事業者はこの7枚綴りのマニフェストを運用することで、委託した産業廃棄物の処理がどこまで進んでいるか、契約した通りに処理されているかを把握します。

図表3－20は産業廃棄物の収集運搬と処分を、収集運搬業者と処分業者に委託した場合の一般的なマニフェストの運用を表しています。

■ 図表3－20　マニフェストの各伝票の流れと役割

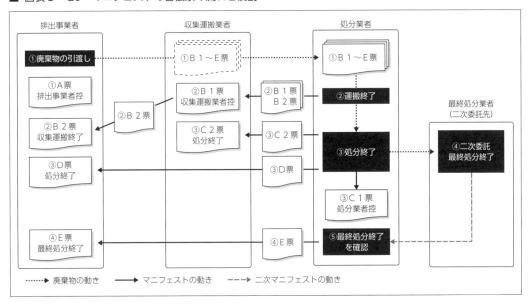

①廃棄物の引渡し

排出事業者は収集運搬業者へマニフェストを**産業廃棄物の引き渡しと同時に交付**します。この際に、収集運搬業者は1枚目のA票に受け取りの署名をし、A票はその場で排出事業者に返します。**A票は排出事業者の控え**として排出事業者が保存します。

収集運搬業者は産業廃棄物と一緒に残りの6枚の伝票を持って、運搬の目的地（処分施設）まで運搬します。

②運搬終了

収集運搬業者は産業廃棄物を処分施設まで運搬し、処分業者へマニフェストと一緒に引き渡すことで運搬が終了します。この際に、処分業者は受け取りの署名をし、B1票とB2票を収集運搬業者へ返します。収集運搬業者は運搬終了日等の必要事項を記載の上、B1票を収集運搬終了の証明

として自ら保存し、B2票を収集運搬終了の報告として、運搬終了日から10日以内に排出事業者へ送付します。

　排出事業者はB2票を受け取り、**収集運搬の終了を確認**して保存します。B2票では、特に運搬終了日と処分業者の署名から運搬先が契約内容と異なっていないかなどを確認します。

③処分終了

　処分業者は、収集運搬業者から受け取った産業廃棄物について処分します。処分が終了すると、処分終了日などの必要事項を記載の上、C1票は自らの控えとして保存します。C2票は処分終了の報告として収集運搬業者に、D票は排出事業者にそれぞれ処分終了日から10日以内に送付します。

　収集運搬業者はC2票を保存します。排出事業者は**D票**を受け取り、**処分の終了を確認**して保存します。D票では、特に処分終了日などを確認します。

④二次委託、最終処分終了

　処分業者は中間処理後の産業廃棄物について、排出事業者と同じように収集運搬や処分の委託を行います。このように中間処理後の廃棄物の委託を**二次委託**と言い、中間処理業者は二次委託をする際に、排出事業者と同じように、委託契約書を締結し、マニフェストを交付します。この二次委託で交付されるマニフェストを**二次マニフェスト**と言います。二次マニフェストに対し、排出事業者が最初に交付したマニフェストを一次マニフェストと言います。二次委託により最終処分が終了すると、最終処分業者から二次マニフェストのE票が処分業者に送付されます。

⑤最終処分終了を確認

　処分業者は二次マニフェストのE票を確認することで、最終処分が終了したことを把握します。最終処分が終了したことを確認すると、一次マニフェストのE票に必要事項を記載し、最終処分終了の報告として、最終処分終了を確認した日から10日以内に排出事業者へ送付します。

　③の処分が再生である場合、④の工程がなく、③の処分終了によって最終処分（再生）が終了します。そのような場合は、③のD票と⑤のE票が同時に送付されます。

　排出事業者は**E票**を受け取ることで**最終処分の終了を確認**して保存します。E票では特に最終処分終了日や最終処分の場所が契約書と異なっていないかなどを確認します。

マニフェストに記載しなければいけないことがある

３−３　マニフェストの記載事項

重要度
★★★

　廃棄物処理法ではマニフェストに記載しなければならない事項を定めています。マニフェストには、運搬の目的地や処分の場所、委託する廃棄物の情報などの記載が必要です。

■ 図表３−21　マニフェストの法定記載事項

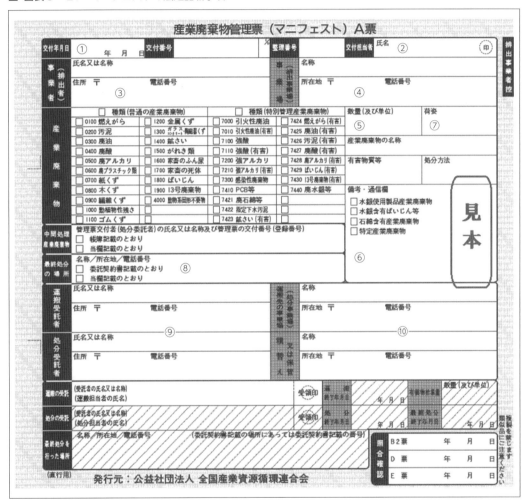

※出典：公益社団法人全国産業資源循環連合会

(https://www.zensanpairen.or.jp/wp/wp-content/themes/sanpai/assets/pdf/disposal/disposal_manifestA.pdf)

■ 図表 3 - 22　Ａ・Ｂ２・Ｄ・Ｅ票の法定記載事項一覧

伝票 （根拠となる条項）	記載の 義務がある者	法定記載事項
Ａ票 （法第12条の３、 施行規則第８条の21）	排出事業者	①交付年月日と交付番号　　②マニフェスト交付担当者の氏名 ③排出事業者の氏名又は名称と住所　　④排出事業場の名称と所在地 ⑤産業廃棄物の種類と数量 ⑥石綿含有産業廃棄物、水銀使用製品産業廃棄物、水銀含有ばいじん等が含まれる場合はその旨、及びその数量 ⑦産業廃棄物の荷姿　　⑧最終処分を行う場所の所在地 ⑨運搬又は処分を受託した者の氏名又は名称と住所 ⑩運搬先事業場の名称と所在地、積替え保管を行う場合はその所在地 ※中間処理業者が交付する二次マニフェストにおいては、対応する中間処理を受託した際に交付された管理票の交付番号等（電子マニフェストの場合は登録番号等）も記載する必要があります。ただし、中間処理を委託した事業者が複数である場合など、管理票に記載することが困難な場合には、「別途帳簿に記載されたとおり」のように記載して省略することができます。 ※電子マニフェストの使用が義務とされている事業者（前々年度の特別管理産業廃棄物（ＰＣＢ廃棄物を除く）の発生量が年間50トン以上の事業場）が、紙マニフェストを交付する場合には、電子マニフェストを使用することができない理由についても記載する必要があります。
Ｂ２票 （施行規則 第８条の22）	収集運搬業者	（マニフェストに下記を追記） ・氏名又は名称　　・運搬を担当した者の氏名 ・運搬を終了した年月日 ・積替え保管の場所において産業廃棄物に混入している有価物の拾集を行った場合はその拾集量
Ｄ票 （施行規則 第８条の24）	処分業者	（マニフェストに下記を追記） ・氏名又は名称　　・処分を担当した者の氏名 ・処分を終了した年月日 ・処分が最終処分である場合は最終処分を行った場所の所在地
Ｅ票 （施行規則 第８条の25の２）	処分業者	（マニフェストに下記を追記） ・最終処分が終了した旨　　・最終処分を行った場所の所在地 ・最終処分が終了した年月日

　法律で定められた必須記載事項として廃棄物の種類と数量があります。**マニフェストは種類ごと運搬先ごとに交付しなければなりません。**しかし、産業廃棄物の中には種類ごとの分別が技術的又は、現実的にできない場合があります。このような**混合廃棄物**と言われるものを排出する際は、例外的に一つのマニフェストの交付でよいとされています。その場合は混合廃棄物であること、含まれる廃棄物の種類をすべて分かるように記載します。

　また、数量は交付の段階で記載しなければなりません。処分施設で正確な重量を計量するからといって空欄にしておくことは認められません。数量は必ずしも重量である必要はないため、荷姿の個数や㎥など引渡し時に確認できる単位で記載します。

　図表３－21と３－22のＡ票の法定記載事項を比較すると、いくつか法定記載事項以外の記入欄も設けられていることが分かります。これらの記入欄は任意で使用することができます。

　Ａ票の照合確認欄は処理業者からの他の伝票の送付を受けた際に、内容を確認の上、送付を受けた日付を記入しておくことで、各伝票の送付が交付日から廃棄物処理法の定める期間内にされているか確認し、また各伝票の保存期間（送付を受けた日から５年）の開始日が把握しやすいようにするためのものです。

　荷姿は引き渡した際の産業廃棄物の状態を記録しておくためのものです。「コンテナ」や「袋」、「バラ」などと記載します。また、排出事業者や排出事業場の名称や住所等は記載事項としての定めがありますが、その欄の「電話番号」については法定記載事項ではありません。

　法定記載事項以外の項目は空欄であっても法令違反とはなりませんが、処理業者との情報伝達のツールという点では、記載できる事項は記載しておくことが望ましいと言えます。

マニフェストは伝票により保存期間にズレがある

３－４　マニフェストの保存

　マニフェストの伝票にはそれぞれ廃棄物処理法で保存の義務が定められています。そのため、処理業者から送付される伝票について必ず管理、保存する作業が発生します。マニフェストを運用する際に最も手間がかかる作業の一つが、この送付される伝票の管理と言えます。最終的に排出事業者の手元に残る４枚の伝票の保存期間は次の通りです。

■ 図表３－23　Ａ・Ｂ２・Ｄ・Ｅ票の保存期間

伝票	保存期間
Ａ票	交付した日から５年 （法第12条の３第２項）
Ｂ２票	各伝票の送付を受けた日からそれぞれ５年 （法第12条の３第６項）
Ｄ票	
Ｅ票	

　マニフェストの４つの伝票は同じ産業廃棄物の委託に関する伝票と言えますが、その役割から、処理フローの進捗に応じて別々に送付されるため、保存期間も同じではないことに注意が必要です。

　マニフェストを管理する際のルールは次の５つです。

①Ａ票を保存する
②収集運搬業者からＢ２票の送付を受けたら、**運搬終了日から10日以内に送付されていることを確認**、Ａ票とＢ２票を照合し、**交付日から90日以内（特別管理産業廃棄物の場合は60日以内）に送付されていることを確認**する
③処分業者からＤ票の送付を受けたら、**処分終了日から10日以内に送付されていることを確認**、Ａ票とＤ票を照合し、**交付日から90日以内（特別管理産業廃棄物の場合は60日以内）に送付されていることを確認**する
④処分業者からＥ票の送付を受けたら、Ａ票とＥ票を照合し、**交付日から180日以内に送付されていることを確認**、**Ｅ票に記載された最終処分場所が契約書に記載された場所であることを確認**する
⑤マニフェストは**それぞれの保存開始日から５年間保存**する

　上記の90日や180日といった期限までにマニフェストの返送がなかった場合、排出事業者には措置内容等報告書を都道府県知事に提出する義務があります。措置内容等報告書については「第３章４－２」を参照ください。

　マニフェストの管理作業において注意すべき問題は、マニフェストの紛失と送付されたマニフェ

ストの確認の不徹底です。どちらも事前に社内で保存のルールや管理手順を明確にしておくことで防止できます。保存の義務が定められているので、紛失が問題になることは容易に想定できると思いますが、特に交付枚数が非常に多い事業者では、送付されたマニフェストの確認が疎かになりやすいため注意が必要です。**処理業者から送付されたマニフェストの確認も廃棄物処理法で定められた排出事業者の義務である**ことを認識しなければなりません。

　法第12条の３第６項には送付されたマニフェストの保存義務に関する定めの他、次のように定められています。

法第12条の３第６項（一部抜粋）
管理票交付者は、（略）管理票の写しの送付を受けたときは、当該運搬又は処分が終了したことを当該管理票の写しにより確認し、かつ、当該管理票の写しを当該送付を受けた日から環境省令で定める期間保存しなければならない。

　保存期間の定めの他に、排出事業者はＢ２票、Ｄ票、Ｅ票の送付を受けた際には「当該運搬又は処分が終了したことを当該管理票の写しにより確認」しなければならないとしています。「送付を受けた＝処理が終了した」と安易に認識するのではなく、控えのＡ票や委託契約書の内容と、送付されたマニフェストの処理業者が追記した情報などを確認することで、「当該運搬又は処分が終了したこと」、つまり委託した通りの処理であることの確認が求められています。

1 枚でも紙のマニフェストを交付すれば報告が必要

3 － 5　管理票交付等状況報告書

重要度
★★☆

　マニフェストの管理に関して、もう一つ廃棄物管理担当者の負担となる作業が、**管理票交付等状況報告書**です。マニフェストを交付した排出事業者は、年に一度、交付の状況などについて、都道府県又は政令市に報告書を提出しなければなりません（法第12条の３第７項）。これは、たとえ交付したマニフェストが１枚であったとしても提出する義務があります。

　前年度１年間に交付したマニフェストについて、６月末までに報告書を提出します。排出場所が複数の自治体に分かれる場合、排出事業場のある都道府県又は政令市ごとに情報をまとめて報告しなければなりません。報告書は産業廃棄物の種類ごと、処理ルートごとに行を分けて記入します。

■ 図表３－24　管理票交付等状況報告書の法定様式と作成のポイント

様式第三号（第八条の二十七関係）

（産業廃棄物管理票交付等状況報告書（　　年度）の様式図）

①作成する報告書の単位	・排出事業場のある都道府県又は政令市ごと　　　かつ ・排出事業場ごと
②報告書に記載する情報の集計単位	・産業廃棄物の種類ごと　　　かつ ・処理ルートごと
③報告する情報	・②ごとに集計した排出量（ t ） ・②ごとに集計した交付枚数 ・収集運搬業者の情報（許可番号・名称） ・運搬先の住所 ・処分業者の情報（許可番号・名称・処分場所の住所）

報告する情報の一つに産業廃棄物の種類ごと、処理ルートごとに集計した排出量がありますが、この排出量は重量（ｔ）での記入が求められています。したがってマニフェストに記載されている数量が「㎥」などの別の単位である場合、**換算係数**を用いて換算しなければなりません。換算係数について、何を採用するか、特に法令の定めはありません。所属する業界団体等がまとめた換算係数や、自社で独自に算出した換算係数などを使用しても問題はありません。

図表３－25は環境省の平成18年12月27日「産業廃棄物管理票に関する報告書及び電子マニフェストの普及について（通知）」（環廃産発第061227006号）の中から抜粋した換算係数の例です。産業廃棄物の種類ごとであるため、個別の状況において正確であるとは言えませんが、全く換算係数の根拠がない場合には、使用することになります。

■ 図表３－25　㎥からｔへの換算係数の例

（別添２）

産業廃棄物の体積から重量への換算係数（参考値）

	産業廃棄物の種類	換算係数
1	燃え殻	1.14
2	汚泥	1.10
3	廃油	0.90
4	廃酸	1.25
5	廃アルカリ	1.13
6	廃プラスチック	0.35
7	紙くず	0.30
8	木くず	0.55
9	繊維くず	0.12
10	食料品製造業、医薬品製造業又は香料製造業において原料として使用した動物又は植物に係る固形状の不要物	1.00
11	とさつし、又は解体した獣畜及び食鳥処理した食鳥に係る固形状の不要物	1.00
12	ゴムくず	0.52
13	金属くず	1.13
14	ガラスくず、コンクリートくず（工作物の新築、改築又は除去に伴って生じたものを除く。）及び陶磁器くず	1.00
15	鉱さい	1.93
16	工作物の新築、改築又は除去に伴って生じたコンクリートの破片その他これに類する不要物	1.48
17	動物のふん尿	1.00
18	動物の死体	1.00
19	ばいじん	1.26
20	産業廃棄物を処分するために処理したものであって、前各号に掲げる産業廃棄物に該当しないもの	1.00
21	建設混合廃棄物	0.26
22	廃電気機械器具	1.00
23	感染性産業廃棄物	0.30
24	廃石綿等	0.30

【註１】上記の換算係数は1立方メートル当たりのトン数（ｔ/立米）。
【註２】この換算表はあくまでマクロ的な重量を把握するための参考値という位置付けであることに留意されたい。
【註３】特別管理産業廃棄物のうち、感染性産業廃棄物及び廃石綿等以外については、それぞれ1-19に該当する品目の換算係数に準拠。
【註４】「２ｔ車１台」といったような場合には、積載した廃棄物の体積を推計し、それに上記換算係数を掛けることによりトン数を計算する方法がある。

マニフェストを運用する場合、毎年この報告書作成が必要になります。そのため、交付枚数が多い企業では、日常の管理の段階からマニフェストの情報をデータベース化しておくことで、作業負担の軽減を検討しておく必要があります。

排出事業者と処理業者の両方のシステム加入が必要

３－６　電子マニフェストの仕組み

電子マニフェストとは、マニフェストで行っていた情報伝達と処理状況の確認という役割を、情報処理センターが運営するシステム上で行う仕組みです。マニフェストの**電子化率**（総マニフェスト数に占める割合）は徐々に上がっており、令和２年度には65％を上回りました（年間総マニフェスト数を5,000万として算出）。

このシステムを利用することで、排出事業者は紙媒体でのマニフェスト交付が不要となります。

平成29年の廃棄物処理法改正によって、前々年度の特別管理産業廃棄物（ＰＣＢ廃棄物を除く）の発生量が年間50トン以上の事業場については、電子マニフェストが義務化されることになりました。この義務化には経過措置がありましたが、令和２年度からの施行となっています。義務化となる事業場を有する法人の、他の事業場は義務化の対象外であり、また、義務化となる事業場から排出される特別管理産業廃棄物以外の産業廃棄物についても対象外です。

> **法第12条の５第２項**
> （略）事業者（略）は、その産業廃棄物の運搬又は処分を他人に委託する場合（略）において、運搬受託者及び処分受託者から電子情報処理組織を使用し、情報処理センターを経由して当該産業廃棄物の運搬又は処分が終了した旨を報告することを求め、かつ、環境省令で定めるところにより、当該委託に係る産業廃棄物を引き渡した後環境省令で定める期間内に、電子情報処理組織を使用して、当該委託に係る産業廃棄物の種類及び数量、運搬又は処分を受託した者の氏名又は名称その他環境省令で定める事項を情報処理センターに登録したときは、同項（※筆者注：第十二条の三第一項）の規定にかかわらず、（略）管理票を交付することを要しない。

電子マニフェストは**排出事業者だけでなく、収集運搬業者、処分業者の三者が電子マニフェストを利用できる状況**でなければ使うことができません。電子マニフェストを利用するためには、唯一の電子マニフェストシステムである**ＪＷＮＥＴ**への加入が必要です。ＪＷＮＥＴは環境大臣から指定を受けた公益財団法人日本産業廃棄物処理振興センター（ＪＷセンター）が運営しています。

■ 図表３－26　電子マニフェストの運用の流れ

排出事業者は産業廃棄物を引き渡した日から３日以内に、引き渡した産業廃棄物の情報等を電子マニフェストへ登録します。排出事業者による登録が行われるまでは、マニフェストが交付されて

いない状態のため、処理業者はその産業廃棄物についての終了報告ができません。

　なお、平成29年法改正によって、平成31年度からは３日以内の期間に土曜日・日曜日・国民の祝日に関する法律で定める休日及び年末年始（元日を含む12月29日〜１月３日）は含まないこととなりました。

　収集運搬業者は産業廃棄物を処分業者へ引き渡して運搬が終了したら、運搬終了日から３日以内に、運搬終了日などの情報を電子マニフェストへ登録することで収集運搬終了報告を行います。

　処分業者は委託された中間処理を終了したら、処分を終了した日から３日以内に、処分を終了した日などの情報を電子マニフェストへ登録することで処分終了報告を行います。

　処分業者は、最終処分の終了を確認した際は、確認をした日から３日以内に、最終処分が終了した日などの情報を電子マニフェストへ登録することで最終処分終了報告を行います。

■ 図表３−27　電子マニフェストの登録情報

登録情報の種類 （根拠となる条項）	登録すべき情報
排出事業者の登録 （法第12条の５、規則第８条の32）	①引渡し日と登録年月日、登録番号 ②排出事業者の氏名又は名称と住所 ③排出事業場の名称と所在地 ④産業廃棄物の引渡し担当者の氏名 ⑤産業廃棄物の種類と数量 ⑥石綿含有産業廃棄物、水銀使用製品産業廃棄物、水銀含有ばいじん等が含まれる場合はその量 ⑦産業廃棄物の荷姿 ⑧最終処分を行う場所の所在地 ⑨運搬又は処分を受託した者の氏名又は名称と住所 ⑩運搬先事業場の名称と所在地、積替え保管を行う場合はその所在地 ※中間処理業者が交付する二次マニフェストにおいては、対応する中間処理を受託した際に交付された管理票の交付番号等（電子マニフェストの場合は登録番号等）も記載する必要があります。ただし、中間処理を委託した事業者が複数である場合など、管理票に記載することが困難な場合には、「別途帳簿に記載されたとおり」のように記載して省略することができます。
収集運搬終了報告 （規則第８条の33）	①運搬を担当した者の氏名 ②運搬を終了した年月日 ③積替え保管の場所において産業廃棄物に混入している有価物の拾集を行った場合はその拾集量 ④当該産業廃棄物に係る登録番号
処分終了報告 （規則第８条の33）	①処分を担当した者の氏名 ②処分を終了した年月日 ③処分が最終処分である場合は最終処分を行った場所の所在地 ④当該産業廃棄物に係る登録番号
最終処分終了報告 （規則第８条の34の２）	①最終処分を行った場所の所在地 ②最終処分が終了した年月日 ③当該登録に係る登録番号

　紙のマニフェストの場合との大きな違いは、保存の義務と毎年の報告義務です。電子マニフェストのシステムを利用すると、ＪＷＮＥＴに電子データとして蓄積されるので、排出事業者に対する**紙媒体等での保存の義務**はなくなります。また、毎年の管理票交付等状況報告書の提出義務につい

ても、システム上でデータ管理されている情報から**ＪＷセンターが報告するため、排出事業者は実務的に報告を行う必要はありません。**

　紙のマニフェストの場合、処理終了の報告が処理業者から送付されてくるため、受動的に受け取ることになりますが、電子マニフェストの場合、各処理業者はＪＷＮＥＴ上に処理終了報告を登録するため、排出事業者は自らシステムへログインして情報を確認しなければならないことに注意が必要です。

　また、一般的に収集運搬は引渡し日の当日に運搬も終了します。そのような場合、排出事業者の登録期限である引渡し日から３日以内と、収集運搬業者の終了報告期限である運搬終了日から３日以内が同じ期限となります。そのため、排出事業者が期限は３日あるからといって、期限間際に登録作業を行うと、収集運搬業者は３日以内の終了報告が行えないというトラブルにもつながります。３日以内という登録期限はありますが、登録作業はできる限り速やかに行うようにしましょう。

　ここまで見てきた紙のマニフェストと電子マニフェストについて、管理上の違いをまとめると以下図表３－28のようになります。

■ 図表３－28　紙マニフェストと電子マニフェストの管理上の違い

差異があるポイント	処理の段階	マニフェストの種類	
		紙	電子
マニフェスト交付（登録）のタイミング		引渡しと同時に交付し、Ａ票を控えとして収受	引渡し日から３日以内にＪＷＮＥＴに登録
各段階の処理終了から排出事業者に報告するまでの期限	収集運搬終了	終了日から10日以内にＢ２票を送付	終了日から３日以内にＪＷＮＥＴに登録
	処分終了	終了日から10日以内にＤ票を送付	終了日から３日以内にＪＷＮＥＴに登録
	最終処分終了	終了を確認した日から10日以内にＥ票を送付	終了を確認した日から３日以内にＪＷＮＥＴに登録
マニフェストの保存		各伝票を受け取った日（Ａ票は交付した日）から５年間保存	排出事業者自ら保存の必要なし（ＪＷセンター代行）
管理票交付等状況報告書の提出		毎年６月末に都道府県又は政令市に提出	排出事業者自ら提出の必要なし（ＪＷセンター代行）

3－7　電子マニフェストの料金プランと選び方

　電子マニフェストは情報処理センターの運営するシステムを利用しているため、その利用には年間の基本料とマニフェストデータを登録する際の使用料が発生します。情報処理センターではこれらの料金に対して、年間のマニフェスト交付枚数に応じた2つの料金プランと団体利用を条件としたプランの合計3つの料金プランを設定しています。

■ 図表3－29　電子マニフェストの料金プラン

（税込）

料金区分	A料金	B料金	C料金 （団体加入料金）	
			現行	令和4年4月から
基本料 （1年間）	26,400円	1,980円	不要	110円
使用料 （登録情報1件につき）	11円	（90件まで無料） 91件から22円	22円	（5件まで無料） 6件から22円
利用区分の目安となる年間登録件数	2,401件以上	2,400件以下	－	

※出典：公益財団法人日本産業廃棄物処理振興センターウェブサイト（令和3年11月現在）
（https://www. jwnet. or. jp/jwnet/youshiki/payment/fee/index. html）

　A料金は年間のマニフェストの交付枚数が2,401件以上の排出事業者にメリットがある料金プランです。年間の基本料金は割高になりますが、登録1件当たりの単価が低くなるため、交付枚数が多い排出事業者向けのプランとなります。

　B料金は登録にかかる使用料も90件までは無料であり、年間の交付枚数が90件以下の場合は基本料の1,980円のみでシステムが利用できます。

　C料金は団体加入を対象とした料金プランです。電子マニフェストは排出事業者にとって、保存義務等が不要になることから非常に便利と言えますが、一方で産業廃棄物をほとんど出さないような排出事業者にとっては、それらのメリットはさほど大きくはなく、基本料金の方が高くつくということで普及しづらい面があります。そこで、業界団体等が取りまとめ役となってそういった少量の排出事業者を取りまとめ、団体加入してもらうことを想定した料金プランとなっています。ただし、「排出事業者が30者以上集まって加入する」、「利用代表者が団体で加入した加入者の利用料金を一括して支払う」、「情報処理センターからの連絡先は利用代表者とする」などの条件を満たす必要があります。

　電子マニフェストの加入者単位は必ずしも法人単位である必要はなく、図表3－30のように事業場ごとに加入することもできます。

■ 図表3−30　電子マニフェスト加入の単位

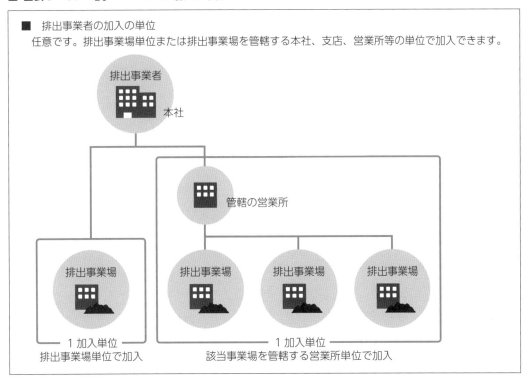

※出典：公益財団法人日本産業廃棄物処理振興センターウェブサイト（令和3年11月現在）
(https://www. jwnet. or. jp/jwnet/practice/flow/member/index. html)

　産業廃棄物の管理を事業場ごとに行っている場合には、各事業場を単位として、個別に料金プランを選択して電子マニフェストへ加入することができます。また、法人全体や管轄営業所などで加入した場合でも、システムの設定でサブIDを作成することができ、そのサブIDを各排出事業場に割り振ることで、事業場ごとの登録作業などができるようになります。
　電子マニフェストへの加入を検討する場合は、どの加入単位で加入するか、そしてその加入単位では年間にどれくらいのマニフェストを交付するかを検討して料金プランを決定します。

電子マニフェストの運用の中で必要となる書面がある

3－8　電子マニフェストと受渡確認票

重要度
★★☆

電子マニフェストを運用することで、紙のマニフェストの交付は必要ありませんが、電子マニフェストを運用する際に紙媒体が全く必要なくなるというわけではありません。電子マニフェストの利用においては、**受渡確認票**と呼ばれる用紙を活用する場合が多いでしょう。

ＪＷＮＥＴでも、委託する産業廃棄物についてある程度情報が確定していれば、「予約登録機能」を利用して、受渡確認票を印刷することができますが、予約登録せず、独自の様式を使用することも可能です。

■ 図表３－31　受渡確認票の例（ＪＷＮＥＴから出力できる様式）

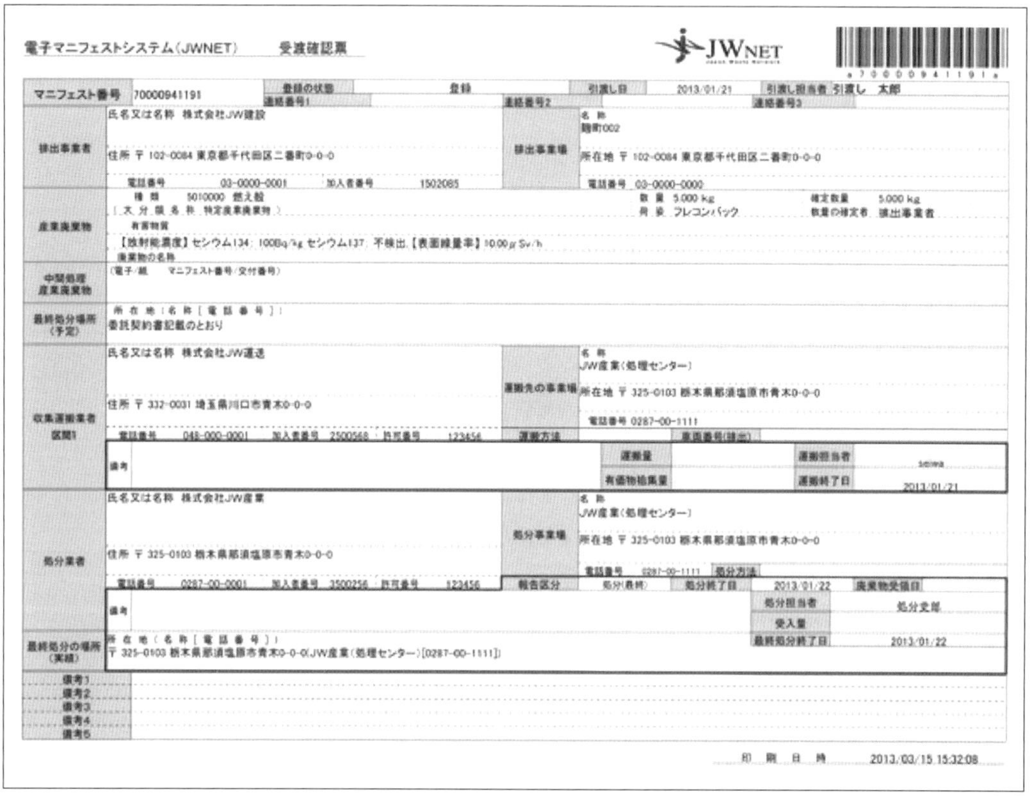
電子マニフェストシステム（JWNET）　受渡確認票
マニフェスト番号 70000941191　登録の状態 登録　引渡し日 2013/01/21　引渡し担当者 引渡し 太郎
連絡番号1　連絡番号2　連絡番号3
排出事業者　氏名又は名称 株式会社JW建設
住所 〒102-0084 東京都千代田区二番町0-0-0
電話番号 03-0000-0001　加入者番号 1502085
排出事業場　名称 麹町002
所在地 〒102-0084 東京都千代田区二番町0-0-0
電話番号 03-0000-0000
産業廃棄物　種類 5010000 燃え殻　（大分類名称 特定産業廃棄物）
数量 5.000 kg　確定数量 5.000 kg
荷姿 フレコンバック　数量の確定者 排出事業者
有害物質
【放射能濃度】セシウム134：100Bq/kg セシウム137：不検出【表面線量率】10.00μSv/h
廃棄物の名称
中間処理産業廃棄物　（電子/紙　マニフェスト番号/交付番号）
最終処分場所（予定）　所在地（名称［電話番号］）：委託契約書記載のとおり
収集運搬業者 区間1　氏名又は名称 株式会社JW運送
住所 〒332-0031 埼玉県川口市青木0-0-0
電話番号 048-000-0001　加入者番号 2500568　許可番号 123456
運搬先の事業場　名称 JW産業（処理センター）
所在地 〒325-0103 栃木県那須塩原市青木0-0-0
電話番号 0287-00-1111
運搬方法　車両番号（排出）
備考　運搬量　有価物拾集量　運搬担当者 seiwa　運搬終了日 2013/01/21
処分業者　氏名又は名称 株式会社JW産業
住所 〒325-0103 栃木県那須塩原市青木0-0-0
電話番号 0287-00-0001　加入者番号 3500256　許可番号 123456
処分事業場　名称 JW産業（処理センター）
所在地 〒325-0103 栃木県那須塩原市青木0-0-0
電話番号 0287-00-1111　処分方法
報告区分 処分（最終）　処分終了日 2013/01/22　廃棄物受領日
備考　処分担当者 処分史郎　受入量
最終処分の場所（実績）　所在地（名称［電話番号］）
〒325-0103 栃木県那須塩原市青木0-0-0（JW産業（処理センター）［0287-00-1111］）
最終処分終了日 2013/01/22
備考1　備考2　備考3　備考4　備考5
印刷日時 2013/03/15 15:32:08

※出典：公益財団法人日本産業廃棄物処理振興センターウェブサイト（令和３年11月現在）
(https://www.jwnet.or.jp/assets/pdf/jwnet/manual/manual-part102/manual-part102_2_56.pdf)

受渡確認票は主に２つの役割から、電子マニフェストを利用する際に使用されます。

①引き渡す産業廃棄物の情報を排出事業者と処理業者で正しく共有する役割

紙のマニフェストの場合、引渡しと同時に実際に引き渡す産業廃棄物の情報が書かれたマニフェストを処理業者に渡します。そのため、処理業者は目の前にある産業廃棄物について、その場で情報を共有することができます。電子マニフェストは電子上で情報をやり取りする上、登録は引き渡

した日から3日以内となるため、委託の事後に情報が電子上で提供されることになります。事前に委託契約の中で情報を共有しているとはいえ、実際に目の前で引き渡される廃棄物について、数量や種類などの情報を排出事業者と処理業者で正しく共有することは、適正処理のためには重要と言えます。

また、排出事業者も受渡確認票の控えを持つようにすれば、電子マニフェストへ登録する際に受渡確認票を確認しながら入力することができ、誤入力の防止にもなります。

②収集運搬業者にとって、運搬時の携帯すべき書面となる役割

産業廃棄物を運搬する場合は、運搬している産業廃棄物に関する情報を記した書面を携帯する義務があります。紙のマニフェストを使って収集運搬を受託した場合、マニフェストがその役割を果たすことになります。しかし、電子マニフェストの場合、電子上で産業廃棄物の情報をやり取りするため、手元には運搬している産業廃棄物の情報がないことになります。受渡確認票を使用していると、この運搬時に必要となる書面としての役割も果たすことになります。ただし、図表3−32の「次の事項」として挙げられた情報については、常に確認できる状態であれば、書面ではなく、電子機器等で代替することができます。

■ 図表3−32 （電子マニフェスト利用の場合）収集運搬業者が運搬時に携帯する書面

・電子マニフェスト使用証の写し ・収集運搬業許可証の写し（当該運搬に係る自治体のものすべて） ・次の事項を記載した書面 　　運搬する産業廃棄物の種類と数量 　　委託者の氏名又は名称 　　積載した日並びに積載した事業場の名称、連絡先 　　運搬先の事業場の名称、連絡先

受渡確認票は法律で定められたものではないため、様式に決まりはありません。排出事業者によっては社内ルールやシステムとの関連からオリジナル書式を用意して活用している場合もあります。JWNETからも、エクセルファイルで作成された受渡確認票サンプルが提供されており、ウェブサイトからダウンロードできます（https://www.jwnet.or.jp/jwnet/practice/flow/ukewatashi/index.html）。

■ 図表3−33 受渡確認票の例（独自の書式の例）

受渡確認伝票

排出日	平成　年　月　日	引渡し担当者		備考欄

排出事業者		収集運搬業者	
	xxxxxxxxxxxx		xxxxxxxxxxxx
住所	xxxxxxxxxxxx	住所	xxxxxxxxxxxx
TEL	xxxxxxxxxxxx	TEL	xxxxxxxxxxxx
FAX	xxxxxxxxxxxx	FAX	xxxxxxxxxxxx

排出事業場	xxxxxxxxxxxx	車両番号		車種	2t・4t・その他（　）
荷姿	バラ	運搬担当者			

種類・品目 内容例	分類コード	確認数量	単位	処分方法	運搬先の事業場		
					名称	住所	連絡先
廃プラスチック類 廃容器・梱包材等	xxxxxxxxx			xxx	xxx	xxxxxxxxxxxx	xxx
木くず パレット等	xxxxxxxxx			xxx	xxx	xxxxxxxxxxxx	xxx

３－９　ＡＳＰサービスを活用したマニフェスト

重要度
★☆☆

電子マニフェストを運用する際に**ＡＳＰサービス**を利用する方法もあります。

電子マニフェスト登録は、一般的なインターネット上でJWNETへログインし、直接的に登録を行うＷＥＢ方式と、加入者と情報処理センターのサーバ間で電子マニフェスト情報のデータ授受を行うＥＤＩ方式の２パターンがあります。

ＡＳＰサービスとは、ＥＤＩ方式での登録をサポートするものと言えます。ＡＳＰとはアプリケーションサービスプロバイダー（Application Service Provider）の略で、ネット上のシステムを介して業務用のソフトを利用させるサービスです。

■ 図表３−34　ＡＳＰサービスを利用した電子マニフェストの運用の流れ

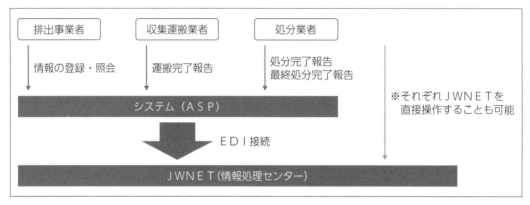

産業廃棄物等の情報を電子上でやり取りするということに違いはありませんが、排出事業者と処理業者がそれぞれ、直接電子マニフェストのシステムへ登録を行うのではなく、ＡＳＰ事業者が提供するシステムを介して、電子マニフェストの登録が行われる点が異なっています。

どのような機能やサービスが利用できるかはＡＳＰ事業者によって様々です。ＪＷＮＥＴでは基本的に産業廃棄物の情報しか登録ができませんが、一般廃棄物や有価物等の排出管理もまとめて電子上で整理することができる、廃棄物の情報を文字や数字だけでなく処理施設への搬入時などの画像データも登録することで処理状況をより詳しく確認できるなど、そのサービスは多様です。

ＡＳＰサービスの利用は電子マニフェストシステムの利用が前提となっているため、ＡＳＰサービスを利用する場合、ＡＳＰサービスの利用料だけでなく、ＪＷＮＥＴの利用にかかる費用も発生します。

ＡＳＰサービスを利用するかどうかは、どのような機能が使用できるか、それによる業務の効率化はどの程度かということとシステムの利用料との費用対効果を検討して判断しましょう。

処理委託において重要な定め

　廃棄物処理法では、委託基準の一部が不要となるなどの例外規定等についても定められています。この章ではそのような例外規定などについて説明します。

確実な処理が期待される委託では不要となる定めがある

4-1　マニフェスト交付が不要となる特例

重要度
★★☆

　産業廃棄物の処理を他人へ委託する場合、委託時のルールの一つとして排出事業者にはマニフェストの交付が義務付けられています。しかし、廃棄物処理法では環境省令で定める特定の場合の委託に限って、このマニフェストの交付を要しないこととしています（法第12条の3第1項、施行規則第8条の19）。

■ 図表3-35　マニフェストの交付が不要となる要件

・都道府県等に処理を委託する場合
・廃油処理事業を行う港湾管理者又は漁港管理者に、廃油の処理を委託する場合
・専ら物の処理を専ら業者へ委託する場合
・再生利用認定制度の認定を受けた者に、その認定品目にある産業廃棄物の処理を委託する場合
・広域的処理認定制度の認定を受けた者に、その認定品目にある産業廃棄物の処理を委託する場合
・再生利用に係る都道府県知事の指定を受けた者に、その指定品目にある産業廃棄物の処理を委託する場合
・国に処理を委託する場合
・運搬用パイプラインやこれに直結する処理施設を用いて産業廃棄物の処理を行う者に、当該産業廃棄物の処理を委託する場合
・産業廃棄物を輸出するため運搬を行う者に、わが国から相手国までの運搬を委託する場合
・海洋汚染防止法の規定により許可を受けて廃油処理事業を行う者に、外国船舶から発生した廃油の処理を委託する場合

　専ら物とは、「**専ら再生利用の目的となる産業廃棄物又は一般廃棄物**」のことを指し、環境省は令和2年3月30日「産業廃棄物処理業及び特別管理産業廃棄物処理業並びに産業廃棄物処理施設の許可事務等の取扱いについて（通知）」（環循規発第2003301号）の中で、**古紙、くず鉄、あきびん類、古繊維**の4品目を示しています。

15　その他
(1)　産業廃棄物の処理業者であっても、もっぱら再生利用の目的となる産業廃棄物、すなわち、古紙、くず鉄（古銅等を含む。）、あきびん類、古繊維を専門に取り扱っている既存の回収業者等は許可の対象とならないものであること。

　また**専ら業者**とは専ら物だけを専門に収集運搬又は処分を行っている業者のことを指します。

COLUMN.22 | 誤解が違反につながる専ら物と有価物の違い

専ら物とは、「専ら再生利用の目的となる産業廃棄物又は一般廃棄物」の略称です。廃棄物の管理において、専ら物だから委託契約書は不要である、専ら物は有価物であるなどと誤解されることがあります。専ら物は特定の条件を満たすとマニフェストや業許可が不要になるといった特例がありますが、専ら物と有価物との判断を誤れば委託基準違反などの法令違反になる可能性があります。そのため、専ら物を扱う際には正しい理解が必要です。

専ら物に関する誤解①　「専ら物は有価物である」

専ら物は、「専ら再生利用の目的となる産業廃棄物又は一般廃棄物」の略称です。つまり、**専ら物は有価物ではなく廃棄物**です。

専ら物として環境省から示された4品目は、有償で売却されることが一般的ですが、その排出状況等によっては売却することができず、廃棄物（専ら物）として扱われることがあります。そのため、有価物の取引として廃棄物処理法の対象外であることと、専ら物の引渡しとして廃棄物処理法の特例であることを混同してしまうことがあるようです。

専ら物に関する誤解②　「専ら物の委託には産業廃棄物処理委託契約書は不要である」

専ら物を専門に扱う業者（専ら業者）は業許可が不要であり、専ら物を専ら業者に委託する場合はマニフェストの交付が不要となります。その他の委託基準は他の産業廃棄物の委託基準と同じであり、**書面による処理委託契約の締結は必要**です。

また、マニフェストが不要となる条件は専ら物を専ら業者に委託する場合のみです。法令では**「専ら再生利用の目的となる産業廃棄物のみの収集又は運搬を業として行う者」**への特例とされています。**専ら物を通常の処理業許可を持つ業者に委託する場合はこれらの特例は適用されない**点にも注意が必要です。

一般的に、専ら物の特例を利用する状況は少ないと言えます。

■ 図表3-36　専ら物4品目の取扱いフローチャート

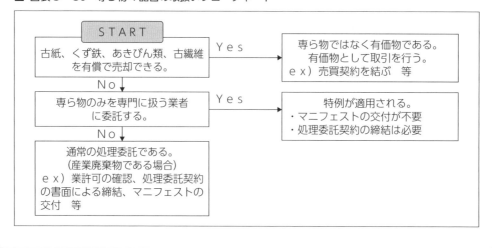

終了報告がない、内容に虚偽がある場合は行政への報告が必要

4－2　措置内容等報告書の提出条件

重要度
★★☆

　排出事業者は適正な処理が行われていない、又はそのおそれがある場合には、委託した処理の状況を把握し、適切な措置を講じなければなりません（法第12条の３第８項、第12条の５第11項）。

　排出事業者は施行規則第８条の29、第８条の38の区分に基づき、その報告書を都道府県知事等へ提出しなければなりません。これを**措置内容等報告書**と言います。

　措置内容等報告書の様式は決まっており、各都道府県又は政令市等で公開されています。

■ 図表３－37　措置内容等報告書を提出する条件と提出期限

区分	条件		提出期限
	マニフェスト	電子マニフェスト	
未送付	Ｂ２票、Ｄ票がマニフェスト交付日から90日（特別管理産業廃棄物は60日）を過ぎても返送されないとき	運搬、処分終了の報告が登録日から90日（特別管理産業廃棄物は60日）を過ぎてもされないとき	期間を経過した日から30日以内
	Ｅ票がマニフェスト交付日から180日を過ぎても返送されないとき	最終処分終了の報告が登録日から180日を過ぎてもされないとき	
記載漏れ	処理業者から送付されたマニフェストに記載漏れがあったとき	―	そのマニフェストの送付を受けた日から30日以内
虚偽報告	処理業者から送付されたマニフェストに虚偽の記載があったとき	処理終了報告が虚偽の内容を含むとき	虚偽の記載があること（含むこと）を知った日から30日以内
処理困難通知	委託している処理に係るマニフェストの送付を受けていない処理業者から処理困難通知を受け取ったとき	委託した処理に係る処理終了報告を受けていない処理業者から処理困難通知を受け取ったとき	通知を受けた日から30日以内

　この措置内容等報告書の定めは、条件に該当した場合に直ちに報告書を提出することを求めるものではなく、「委託に係る産業廃棄物の運搬又は処分の状況を把握」（法第12条の３第８項等）して、「生活環境の保全上の支障の除去又は発生の防止のために必要な措置を講ずる」（施行規則第８条の29等）こととし、その上で事実とともにその措置内容を報告するものです。

4－3　処理困難通知とその対応

　処理困難通知制度とは、産業廃棄物の処理業者に、現に委託を受けている産業廃棄物の処理を適正に行うことが困難となり、又は困難となるおそれがある事由が生じたときにその旨を受託した排出事業者へ通知することを義務付けた制度です（法第14条第13項等）。

　この制度は、平成22年1月に中央環境審議会が提出した「廃棄物処理制度の見直しの方向性（意見具申）」の中で「行政処分を受け処理を継続してはならない状況にある産業廃棄物処理業者は、委託者に対してその旨連絡することとするべきである」という言及がなされ、平成22年の法改正で処理業者へ義務付けられました。さらに、処理業を廃止した者及び取り消された処理業者についても、平成29年法改正によって、対象とされました。

■ 図表3－38　処理を行うことが困難となる事由の例

・処理施設で事故が発生し、未処理の産業廃棄物の保管数量が上限に達したとき ・事業を廃止したことで受けている委託の処理ができなくなったとき ・施設を休廃止したことで受けている委託の処理ができなくなったとき ・最終処分場の場合、埋立が終了したことで受けている委託の埋立処分ができなくなったとき ・欠格要件に該当したとき ・事業の停止命令を受けたとき ・産業廃棄物処理施設の設置許可の取消し処分を受けたとき ・産業廃棄物処理施設に関して、施設の使用停止命令、改善命令、措置命令を受け、廃棄物処理ができなくなり、未処理の産業廃棄物の保管数量が上限に達したとき

　排出事業者は処理業者から処理困難通知を受け取り、その処理業者にすでに委託している産業廃棄物で処理終了の報告がないものがある場合は、必要な措置を講じるとともに、期限までに措置内容等報告書を都道府県知事に提出しなければなりません（法第12条の3第8項等）。

　排出事業者が取るべき必要な措置について、環境省は平成23年2月4日「廃棄物の処理及び清掃に関する法律の一部を改正する法律等の施行について（通知）」（環廃対発第110204005号、環廃産発第110204002号）の中で、例を示しています。

　処分業者から処理困難通知を受け取った場合の望ましい対応は、第一に**その処分業者を利用する処理フローに追加の委託を行わない**ことです。その上で、図表3－39のフロー図の通り、すでに引き渡してしまった**産業廃棄物の状況を、収集運搬業者、処分業者へ確認**します。処分が未了である場合に講ずる措置の例としては、**再委託の基準を守って処分業者へ再委託をさせる**、あるいは、**一度自社の保管施設まで引き取って、改めて別の処分業者へ委託し直す**ということが考えられます。

　処理困難通知を受けた日から30日以内に、これらのような対応を行い、その事実と措置内容について報告書を都道府県等へ提出します。

　通知の中では、処理が困難となる通知事由に該当しなくなった場合には委託を再開しても差し支えないとしています。

■ 図表 3 − 39　処理困難通知を受け取った際の対処フロー図

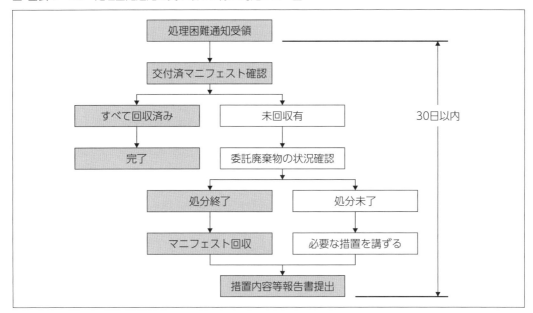

※出典：上川路宏著『しくみ図解シリーズ　産廃処理が一番わかる』（技術評論社）

産業廃棄物処理に係る書類すべてが電子化できるわけではない

4－4　契約書の電子化

　平成16年12月に公布、平成17年4月から施行された「民間事業者等が行う書面の保存等における情報通信の技術の利用に関する法律」という法律があります。この法律は「**e－文書法**」とも呼ばれます。書面の保存等による負担を電子化することで軽減し、国民経済の発展に寄与することを目的にしており、民間事業者等に対して書面の保存等が法令上義務付けられているものについて、電磁的記録による保存等を行うことを可能にした法律です。具体的な内容については、「環境省の所管する法令に係る民間事業者等が行う書面の保存等における情報通信の技術の利用に関する法律施行規則（**環境省の所管する法令に係るe－文書法施行規則**）」で定められています。

　電磁的記録による作成や保存等はe－文書法によって、以下のように定義されています。

■ 図表3－40　電磁的記録による保存の条件（環境省の所管する法令に係るe－文書法施行規則第4条）

> 保存は下記のいずれかの方法によること
> ・作成された電磁的記録を電子計算機に備えられたファイル又は磁気ディスク等をもって調製するファイルにより保存
> ・書面に記載されている事項をスキャナ等により読み取ってできた電磁的記録を電子計算機に備えられたファイル又は磁気ディスク等をもって調製するファイルにより保存
> 必要に応じて直ちに整然とした形式及び明瞭な状態で表示、及び書面の作成ができること

■ 図表3－41　電磁的記録による作成の条件（e－文書法第4条第3項、環境省の所管する法令に係るe－文書法施行規則第6条）

> 作成は下記の方法によること
> ・電子計算機に備えられたファイルに記録する方法又は磁気ディスク等をもって調製する方法によること
> ・電磁的記録による作成をした場合、記名押印に代わるものは、電子署名（電子署名及び認証業務に関する法律第2条第1項の電子署名）とすること

　環境省の所管する法令に係るe－文書法施行規則第5条でいう別表第二の中に廃棄物処理法施行令第6条の2第4号が規定されています。これらの規定により、廃棄物処理法では「書面で行う」とされている委託契約書について、e－文書法に基づく電磁的記録による作成が可能です。保存についても、委託契約書は契約終了日から5年間保存することが義務付けられていますが、電磁的記録による保存ができます。

ｅ－文書法第 4 条第 1 項（電磁的記録による作成）
民間事業者等は、作成のうち当該作成に関する他の法令の規定により書面により行わなければならないとされているもの（当該作成に係る書面又はその原本、謄本、抄本若しくは写しが法令の規定により保存をしなければならないとされているものであって、主務省令で定めるものに限る。）については、当該他の法令の規定にかかわらず、主務省令で定めるところにより、書面の作成に代えて当該書面に係る電磁的記録の作成を行うことができる。

環境省の所管する法令に係るｅ－文書法施行規則第 5 条
法第四条第一項の主務省令で定める作成は、別表第二の上欄に掲げる法令の同表の下欄に掲げる規定に基づく書面の作成とする。

　一方、マニフェストについてはｅ－文書法の対象外です。つまり、**マニフェストをスキャナ等で読み取ってデータとして保存、原本を破棄するということは認められません。**マニフェストをデータ上で管理したい場合は電子マニフェストを利用する必要があります。

　廃棄物処理法で定められている書面の中で、契約書以外にｅ－文書法に基づく電子化が認められるものとして、事業者が自ら運搬を行う際に車両への備え付けが義務付けられる書面（「第 4 章 2 － 1」参照）と、処理業者の再委託を承諾する際の承諾書の写し（「第 3 章 4 － 5」参照）があります。

再委託は原則禁止

4－5　再委託の禁止と例外

　再委託とは、産業廃棄物収集運搬業者又は処分業者が、その受託した収集運搬又は処分を他人へ委託することを言います。ビジネスの世界で、再委託は否定されるものではありませんが、産業廃棄物の処理委託においては、原則として禁止されています。これは、再委託によって複数の受託者が生まれることで、実際に行う処理の責任が不明確になり、不適正処理につながる可能性が懸念されているためです。廃棄物処理法では、第14条第16項等において、明示されています。

> 16　産業廃棄物収集運搬業者は、産業廃棄物の収集若しくは運搬又は処分を、産業廃棄物処分業者は、産業廃棄物の処分を、それぞれ他人に委託してはならない。ただし、事業者から委託を受けた産業廃棄物の収集若しくは運搬又は処分を政令で定める基準に従つて委託する場合その他環境省令で定める場合は、この限りでない。

　一方、平成24年3月30日「『規制・制度改革に係る追加方針』（平成23年7月22日閣議決定）において平成23年度中に講ずることとされた措置（廃棄物処理法の適用関係）について」（環廃産発第120330002号）において、再委託は原則禁止であるが、再委託基準に従った再委託は、事故等の緊急的な場合のみに限定されないとされています。

■ 図表3－42　再委託が認められる条件

区分	条件
施行令第6条の12に基づく再委託基準に従って委託を行う場合	【再委託基準（受託者の義務）を遵守すること】 ①あらかじめ排出事業者へ、再受託者の氏名又は名称、当該委託が再受託者の事業の範囲に含まれることを明らかにすること ②再委託に関して排出事業者から次の事項を記載した書面による承諾を受けていること 　・委託した産業廃棄物の種類と数量 　・受託者の氏名又は名称、住所及び許可番号 　・承諾の年月日 　・再受託者の氏名又は名称、住所及び許可番号 ③再受託者に当該産業廃棄物を引き渡す際に、委託契約書に記載される次の事項を記載した文書を交付すること 　・産業廃棄物の種類及び数量 　・運搬の場合は運搬の最終目的地の所在地 　・処分（再生）の場合はその施設の場所の所在地・方法・処理能力 　・最終処分の場合は最終処分の場所の所在地・方法・処理能力 ④輸入された廃棄物の処分（再生）を委託しないこと ⑤その他、通常の委託基準に従うこと 　（受託者と再受託者との間で委託契約書の締結等）
施行規則第10条の7に該当する場合	・中間処理業者から、中間処理後の残さの処理を受託した者が施行規則第10条の7第1項第1号の基準に従って、再委託を行う場合 ・改善命令又は措置命令を受けた者が、その命令を履行するために必要な範囲で、排出事業者の承認を得て他人にその処理を委託する場合

　上記の条件が認められるのは再委託であって、**再々委託は禁止**されていると解釈されます。そして、再委託がされる場合、排出事業者は承諾書の写しを5年間保存しなければなりません。

下請業者による運搬の特例が適用される状況は限定的

4－6　建設廃棄物の下請業者による運搬

重要度
★☆☆

　建設廃棄物については、「第1章4－2」で紹介した通り、元請業者が排出事業者と定義されたことで、**下請業者による運搬**は廃棄物の処理委託に該当することが原則となります。つまり、下請業者がその建設工事から排出した産業廃棄物を運搬する場合、収集運搬業許可を保有し、元請業者と処理委託契約を締結し、マニフェストを運用するといった委託基準に従う必要があります。

　ただし、下請業者であっても一定の条件を満たすことで排出事業者のように運搬等を行える例外規定があります（法第21条の3第3項及び平成23年2月4日環廃対発第110204005号・環廃産発第110204002号通知）。

　図表3－43の条件をすべて満たす場合は下請業者も当該廃棄物の運搬に限り、排出事業者とみなして、収集運搬の許可がなくても運搬が可能となります。ただし、新築工事や解体工事については全く認められないなど、すべての条件に該当する状況は非常に限られるため、実務的にはこの運用は一般的とまでは言えません。どれか一つでも条件が欠けると、許可を持たない業者へ運搬を委託したとして委託基準違反の罰則（法第25条　5年以下の懲役若しくは1,000万円以下の罰金又はこの併科）の対象となると考えられます。特例を利用する際には条件の確認を厳密に行うようにしましょう。

■ 図表3－43　収集運搬業許可を持たない下請業者が運搬することができる特例の条件

区分	条件
運搬するための条件	新築・増築・解体工事ではない建設工事（維持修繕工事、瑕疵補修工事などであること）
	請負金額（発注者の支払金額）が500万円以下の工事であること
	特別管理産業廃棄物（飛散性のアスベストなど）が発生しないこと
	1回に運搬する廃棄物は1㎥以下の容量であることが明らかであるよう区分すること
	下請業者が受注した工事から発生した廃棄物のみが対象であること
	運搬の途中で積替保管を行わないこと
	建設現場と同一の県又は隣接する県の、元請業者が使用権原を持つ保管場所（排出事業者が委託契約した処理業者の処理施設も含む）へ運搬すること
	保管場所からの廃棄物の処理に関しては、元請業者が排出事業者としての責任を果たすこと
運搬時の管理	下請業者と交わす書面による工事請負契約に、下請業者が運搬することを定めた内容を含むこと
	運搬時には、上記契約書の写しを携帯すること
	運搬時には、車輌の表示や書面の携帯などの運搬時の基準が適用されること

許可のような特別な認定など

循環型社会の形成を促進するための制度

5−1 再生利用認定制度

重要度
★☆☆

再生利用認定制度とは、平成9年の法改正で創設された制度です。環境省令で定める廃棄物について再生利用を行う場合、その再生利用が生活環境の保全上支障がないものとして、環境大臣から認定を受けることができる制度です（法第15条の4の2）。

この認定を受けた者は、認定の内容に係る廃棄物を処理する場合に限り、産業廃棄物の処理業許可や、その処理に係る処理施設の設置許可が不要となります。

■ 図表3−44　再生利用認定制度の対象として環境省令で定める廃棄物（施行規則第12条の12の2）

次のいずれにも該当せず、環境大臣が定めるもの
・ばいじん又は燃え殻であって、産業廃棄物の焼却に伴つて生じたもの（資源として利用することが可能な金属を含むものを除く）
・バーゼル法第2条第1項第1号イに掲げるもの（資源として利用可能な金属を含むものを除く）
・通常の保管状況の下で容易に腐敗し、又は揮発する等その性状が変化するもの

■ 図表3−45　再生利用認定制度の対象となる再生利用

①廃ゴムタイヤ（自動車用のものに限る）に含まれる鉄をセメントの原材料として使用する場合
②廃ゴム製品を鉄鋼の製造の用に供する転炉その他の製鉄所の施設において溶銑に再生し、かつ、これを鉄鋼製品の原材料として使用する場合
③廃プラスチック類を高炉で用いる還元剤に再生し、これを利用する場合（④の場合を除く）
④廃プラスチック類をコークス炉においてコークス及び炭化水素油に再生し、これらを利用する場合
⑤化製場から排出される廃肉骨粉に含まれるカルシウムをセメントの原材料として使用する場合
⑥容易に腐敗しないように適切な除湿の措置を講じた廃木材を鉄鋼の製造で使用する転炉その他の製鉄所の施設において溶銑に再生し、かつ、これを鉄鋼製品の原材料として使用する場合（構造改革特別区域のみに限定）
⑦原材料として使用することができる程度に金属を含む廃棄物から、鉱物又は鉱物の製錬若しくは精錬を行う工程で生ずる副生成物等を原材料として使用する非鉄金属の製錬若しくは精錬又は製鉄に使用する施設において、金属を再生品として得る場合
⑧建設汚泥（シールド工法若しくは開削工法を用いた掘削工事、杭基礎工法、ケーソン基礎工法若しくは連続地中壁工法に伴う掘削工事又は地盤改良工法を用いた工事に伴って生じた無機性のものに限る）を河川管理者の仕様書に基づいて高規格堤防の築造に用いるために再生する場合
⑨シリコン含有汚泥（半導体製造、太陽電池製造若しくはシリコンウエハ製造の過程で生じる専らシリコンを含む排水のろ過膜を用いた処理に伴って生じたものに限る）を脱水して再生し、加工品を転炉又は電気炉において溶鋼の脱酸に利用する場合

再生利用認定制度は再生される処理であれば何でも対象となるものではなく、認定の対象となる条件は限定的と言えます。対象となる再生利用を行う場合でも、業者としての基準（当該再生利用の実績など）や、処理をする施設の基準等が定められており、これらの認定基準に適合しなければ認定を受けることはできません。

拡大生産者責任に基づく、製造業者による処理を認める制度

5-2　広域認定制度

重要度
★★☆

　広域認定制度は、拡大生産者責任の普及のためのツールと言えます。平成6年に創設された産業廃棄物広域再生利用指定制度を発展させ、平成15年の法改正に伴い創設されました。製品が廃棄物となったものを対象に、製品の処理をその製品の製造事業者等が広域的に行うことで、効率的な再生利用等を推進するとともに、再生又は処理しやすい製品設計への反映を進めることで、廃棄物の適正な処理が確保されることを目的としている制度です（法第15条の4の3）。申請をし、認定を受けた者はこの認定に係る産業廃棄物を処理する場合に限り、処理業の許可が不要となります。

■ 図表3-46　対象となる廃棄物（施行規則第12条の12の8）

以下のいずれにも該当するもの ・通常の運搬状況の下で容易に腐敗等その性状が変化することによって生活環境の保全上支障が生ずるおそれがないもの ・製品が廃棄物となったもので、その処理を当該製品の製造、加工又は販売の事業を行う者（「製造事業者等」という。）が行うことで、当該廃棄物の減量その他その適正な処理が確保されるもの

　この制度では製造事業者等がその処理を行うことで、廃棄物の減量や適正処理の確保に貢献することが期待されています。そのため、単に広域的にその処理を行っているというだけではこの制度を利用することができません。**対象となる廃棄物は原則として自社の製品等が廃棄物となったもの**とされています。そのため、素材や形状が似たような製品でも他人の製品については対象外となります。ただし、申請者の製品のシェアが直近3年で9割を超えていること、電池等のように業界内で統一規格が存在すること、製品の使用方法や廃棄物となってからの性状等が自社製品と同様であることなどの一定の要件を満たすことで、他人製品の廃棄物も対象とすることができます。また、業界団体として、あるいは複数の事業者が共同で認定を受けることも可能です。

　また、広域的な回収などは必ずしも申請者が直接行う必要はありません。ただし、他人に委託する場合は、申請に係る一連の処理の行程を申請者が統括して管理する体制が整備され、委託する者が経理的及び技術的に能力を有すると認められる者でなければなりません。

　認定を受けた者は処理業の許可が不要となりますが、その他の処理基準の遵守や帳簿の記載及び保存の義務等の規定については適用されます。

■ 図表3-47　広域認定制度の全体像

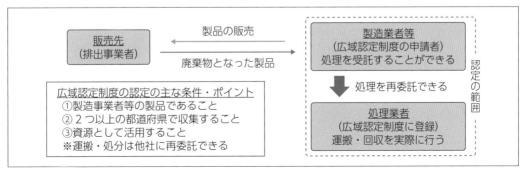

重要度 ★☆☆

５－３　無害化処理認定制度

　無害化処理認定制度とは、石綿が含まれている産業廃棄物その他の人の健康又は生活環境に係る被害を生ずるおそれのある性状を有する産業廃棄物について、高度な技術を用いて無害化処理を行おうとする者が、環境省令に定める基準に適合している場合、環境大臣から認定を受けることができる制度です（法第15条の４の４第１項）。

　この認定を受けた者は、産業廃棄物の処理業の許可や処理施設の設置許可が不要となります（法第15条の４の４第３項）。

■ 図表３－48　無害化処理認定制度の対象となる廃棄物

区分	具体例
石綿を含む廃棄物	廃石綿等・石綿含有一般廃棄物・石綿含有産業廃棄物
ＰＣＢ廃棄物のうち低濃度のもの （低濃度ＰＣＢ廃棄物）	廃ＰＣＢ等・ＰＣＢ汚染物・ＰＣＢ処理物

■ 図表３－49　無害化処理認定の基準

- ・無害化処理の内容が、当該産業廃棄物の迅速かつ安全な処理の確保に資するものとして環境省令で定める基準に適合すること
- ・無害化処理を行う者及び施設が、環境省令で定める基準に適合すること

　低濃度ＰＣＢ廃棄物とはＰＣＢ濃度5,000mg/kg以下のもの及び微量ＰＣＢ汚染廃電気機器等を指します。

　再生利用認定制度や広域認定制度の認定を受けた者への委託はその認定の特性として、人の健康や生活環境への被害のおそれのない廃棄物を対象に、廃棄物の減量や再資源化、適正処理がされることを認定しているため、排出事業者はマニフェストの交付が不要（処理委託契約は必要）とされています。一方、この無害化処理認定を受けた者へ委託する場合はマニフェスト制度をはじめとする通常の廃棄物処理基準や委託基準に従うことが求められます。それは、無害化処理認定制度が有害性のある廃棄物を対象に無害化することを目的とした認定であるため、生活環境への支障を防止するためです。

　無害化処理認定制度では、業の許可や施設の設置許可は不要となりますが、再生利用認定制度や広域認定制度と異なり、**マニフェストの運用は必要**です。

再生事業者登録は、「許可」ではないことに注意

5－4　廃棄物再生事業者登録制度

　廃棄物処理法では**廃棄物再生事業者**の登録制度が定められています（法第20条の２）。

　この制度は平成３年の改正で創設されました。廃棄物の減量化・再生の推進には市町村と処理業者の協力体制が必要という認識のもと、廃棄物再生事業者の自治体の長による登録制度を設けることで、優良事業者の育成及び市町村における一般廃棄物の再生に関する必要な協力体制を整備することを目的としています。

　廃棄物の再生を業として営んでいる者は、申請をすることで、基準に適合していれば、都道府県知事等の登録を受けることができます。

■ 図表３－50　廃棄物再生事業者の登録制度の概要

区分	具体例
目的	・優良な事業者の育成を図る ・市町村における一般廃棄物の再生に関して必要な協力体制の整備を図る
条件	・廃棄物の再生を業として営んでいる者で、処理施設、申請者の能力が基準に適合している場合
対象外となる場合	・収集運搬のみを行っている業者 ・有価物のみを扱っている業者（市況により変動する場合は除く）
登録者のメリット	・登録者は「登録廃棄物再生事業者」を名乗ることができる 　※処理業許可ではない

　この制度の対象となる廃棄物の再生は一般廃棄物に限られたものではなく、産業廃棄物の再生であっても対象としています。また、**この登録制度を受けたからといって、一般廃棄物や産業廃棄物の処理業の許可や委託時の基準などが不要となるものではありません。**

　これはあくまで行政と優良な廃棄物再生事業者との協力体制を整備し、事業者の育成を図るために、基準に適合し、登録を受けた事業者を「登録廃棄物再生事業者」として差別化するための制度です。

COLUMN.23 | 都道府県知事による再生利用個別指定

　許可のような特別な認定として、あまり一般的ではありませんが、都道府県知事による再生利用個別制度といわれるものがあります。その根拠は、施行規則第9条第2号及び第10条の3第2号に定められています。

施行規則第9条第2号

（産業廃棄物収集運搬業の許可を要しない者）

第九条　法第十四条第一項ただし書の規定による環境省令で定める者は、次のとおりとする。

二　再生利用されることが確実であると都道府県知事が認めた産業廃棄物のみの収集又は運搬を業として行う者であつて都道府県知事の指定を受けたもの

　都道府県知事が対象となる産業廃棄物と事業を行う者を指定し、この指定を受けると指定したその都道府県の産業廃棄物処理業の許可は不要になります。この制度には、「一般指定」と「個別指定」があります。

　「一般指定」は、対象となる産業廃棄物だけを指定するのに対し、「個別指定」は、許可と同じように、その行為を行う者を指定します。一般指定は、事例として東京都のペットボトルの例がありますが、全国的にも数例しかなく、さらに一般的ではありません。

　「個別指定」に関しては、汚泥、動植物性残さ、木くずなどについて、個別指定がされている実例があります。この個別指定は通常、排出事業者、運搬者、処分業者を一括して指定されます。つまり、排出事業者が変わると、指定の取り直しが必要です。

　許可のような特別な認定などとして、都道府県知事による再生利用個別指定も想定されますが、排出事業者も含めた指定となること、指定を受けた都道府県のみで有効であることから、産業廃棄物処理業の許可を受ける場合と比較したメリットが少ないとも考えられ、あまり一般的ではありません。

第4章

廃棄物の処理基準

保管における基準

　廃棄物処理法では産業廃棄物を保管する際の基準を定めています。処理委託を受けた処理業者はもちろん、排出事業者が自ら処理をする又は委託をするまでの間に保管する場合でもこの基準に従わなければなりません。

保管している場所には、①囲いと②掲示板を

1－1　保管基準

　廃棄物の保管を行う際の保管場所や保管の方法について**保管基準**が定められています。

①周囲に囲いが設けられていること

②見やすい場所に必要な事項を表示した掲示板が設けられていること

　周囲の囲いについては、直接荷重がかかる場合にはそれに対して構造耐力上安全であること以外に法律で具体的な定義はされていません。保管のスペースを明確に区切り、産業廃棄物がむやみに散らばらないことが重要と言えます。

　掲示板については、そのサイズと記載事項は図表4－1の通りです。

■ 図表4－1　産業廃棄物の掲示板の例と記載事項

産業廃棄物保管場所			※縦横それぞれ60cm以上の大きさ
廃棄物の種類			
数量 （積替及び処分の為の保管の場合）			
管理者	氏名 （又は名称）		
	連絡先		
保管の高さ （屋外で容器を用いずに保管の場合）			

③屋外で容器を用いずに産業廃棄物を保管する場合は次のようにすること

・廃棄物が囲いに接しない場合は囲いの下端から勾配50％以下とすること

・廃棄物が囲いに接する場合は囲いから内側2mまでは囲いの高さより50cm以下の高さとし、2mより内側は勾配50％以下とすること

　勾配50％とは横：高さ＝2：1となる勾配を意味します。

■ 図表 4 - 2　　屋外で容器を用いずに産業廃棄物を保管する場合の基準

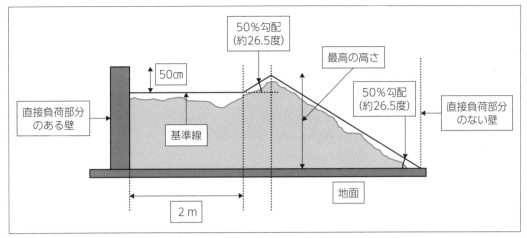

出典：公益財団法人日本産業廃棄物処理振興センターウェブサイト

(http://www. jwnet. or. jp/waste/knowledge/hokankijun. html)

④その他必要な措置を講ずること

　保管している廃棄物によって、周辺の環境へ支障が生ずるおそれがある場合には支障が生じないような措置を講じなければなりません。

■ 図表 4 - 3　　その他の講ずべき措置

・汚水が生ずるおそれがある場合、公共の水域、地下水の汚染を防止するために、排水溝その他の設備を設けるとともに、底面を不浸透性の材料で覆うこと
・ねずみが生息し、及び蚊、はえその他の害虫が発生しないようにすること
・石綿含有産業廃棄物又は水銀使用製品産業廃棄物である場合、その他の物と混合するおそれのないように、仕切りを設ける等必要な措置を講ずること
・石綿含有産業廃棄物である場合、覆いを設ける、梱包する等石綿含有産業廃棄物の飛散の防止のために必要な措置を講ずること

　産業廃棄物は排出した際に、いつでもすぐに収集運搬を委託できるとは限りません。排出事業場である程度の期間、産業廃棄物を保管してから処理業者へ引き渡します。廃棄物処理法では排出事業者が自ら行う保管についても、①〜④の保管基準を定めています（数量の掲示を除く）。

> **法第12条第 2 項**
> 事業者は、その産業廃棄物が運搬されるまでの間、環境省令で定める技術上の基準（以下「産業廃棄物保管基準」という。）に従い、生活環境の保全上支障のないようにこれを保管しなければならない。

　保管基準は処理業者、排出事業者に関わらず廃棄物を保管する際に従わなければならないものです。そのため、保管基準を把握しておくことは、自らの法令遵守としてはもちろん、処理業者の施設確認の際に、処理業者の順法性の有無を判断する指標にもなります。

建設廃棄物を現場以外で保管すると、届出が必要な場合がある

1－2　保管時の届出

　平成22年の法改正により、建設工事に伴って排出される産業廃棄物を排出事業場以外の場所で自ら保管を行う排出事業者は、その保管場所の面積が300㎡以上である場合、都道府県知事等への届出が義務付けられました。一定規模以上の事業場外での保管について届出を義務付けることで、自治体が保管場所を把握でき、不適正な保管が行われた場合に迅速に対応できるようにする目的があります。

> **法第12条第3項**
> 事業者は、その事業活動に伴い産業廃棄物（環境省令で定めるものに限る。次項において同じ。）を生ずる事業場の外において、自ら当該産業廃棄物の保管（環境省令で定めるものに限る。）を行おうとするときは、非常災害のために必要な応急措置として行う場合その他の環境省令で定める場合を除き、あらかじめ、環境省令で定めるところにより、その旨を都道府県知事に届け出なければならない。その届け出た事項を変更しようとするときも、同様とする。

■ 図表4－4　保管の届出を要する条件

・建設工事に伴い生ずる産業廃棄物（施行規則第8条の2）
・保管場所の面積が300㎡以上の場所で行われる保管で次に掲げる事項のいずれにも該当しない保管（施行規則第8条の2の2） 　・産業廃棄物処理業の許可に係る事業で使用される施設（保管の場所を含む）で行われる保管 　・産業廃棄物の処理施設設置許可に係る処理施設で行われる保管 　・親子会社による一体的処理の認定を受けた者が行う当該認定の範囲内での保管 　・ＰＣＢ特別措置法第8条の規定による届出に係るＰＣＢ廃棄物の保管

　建設工事に伴う産業廃棄物の場合、特に住宅の小規模リフォーム工事などであれば、排出事業場の産業廃棄物保管場所が限られることが多く、排出事業場外に保管場所を設置し、そこである程度の量を保管して処理業者へ委託するということがあります。そのような排出事業者（元請業者）は、その排出事業場外に設置している保管施設が上記条件に該当する場合、事前の届出が必要です。

2 収集運搬における基準

運搬車両への表示と運搬中の廃棄物に関する書面の携帯が必要

2-1　処理基準（収集運搬）

　廃棄物処理法は処理を委託する際の基準を細かく規定していますが、処理をする場合にも様々な基準が定められています。

　産業廃棄物を収集運搬する場合、守るべき基準は大きく2つあります。それは**運搬車両への表示**と運搬中に**携帯すべき書面**です。

　車両に表示すべき事項や携帯すべき書面などについて、排出事業者が自ら運搬を行う場合と、収集運搬業者が運搬を行う場合で多少の違いはありますが、どちらであっても基準が定められています。自ら運搬だからといって、全く自由に運搬できるわけではないということに注意が必要です。

> 施行令第6条第1項第1号（一部抜粋）
> 産業廃棄物の収集又は運搬に当たっては、第三条第一号イからニまでの規定の例によるほか、次によること。
> イ　運搬車の車体の外側に、環境省令で定めるところにより、産業廃棄物の収集又は運搬の用に供する運搬車である旨その他の事項を見やすいように表示し、かつ、当該運搬車に環境省令で定める書面を備え付けておくこと。
> （略）

　車両への表示については、施行規則第7条の2の2第1項により、**車体の両側面に表示が必要**です。そして、その表示は分かりやすく明示させるために施行規則の中で文字サイズ等についても規定されています。

> 施行規則第7条の2の2第3項
> 第一項各号に掲げる事項については、識別しやすい色の文字で表示するものとし、産業廃棄物の収集又は運搬の用に供する運搬車である旨については日本産業規格Z八三〇五に規定する百四十ポイント以上の大きさの文字、それ以外の事項については、日本産業規格Z八三〇五に規定する九十ポイント以上の大きさの文字及び数字を用いて表示しなければならない。

　車両への表示方法や携帯すべき書面について、自ら運搬する場合と収集運搬業者による運搬の場合の基準を図表4-5にまとめます。

■ 図表4−5　収集運搬時の車両の表示と書面の携帯

	自ら運搬を行う場合の基準	収集運搬業者が委託を受けて運搬する場合の基準
運搬車両に関する表示の基準	【車体の両側面に】 ・1文字5cm以上の大きさで「産業廃棄物収集運搬車」と明示する ・1文字3cm以上の大きさで事業者の氏名又は名称を明示する （みほん） 5cm以上 産業廃棄物収集運搬車 ○○株式会社 3cm以上	【車体の両側面に】 ・1文字5cm以上の大きさで「産業廃棄物収集運搬車」と明示する ・1文字3cm以上の大きさで収集運搬業者の氏名又は名称を明示する ・1文字3cm以上の大きさで許可番号（下6桁の固有番号）を明示する
運搬時に携帯すべき書類の基準	・次の事項を記載した書面 事業者の氏名又は名称及び住所 運搬する産業廃棄物の種類と数量 積載した日 積載した事業場の名称、所在地、連絡先 運搬先の事業場の名称、所在地、連絡先 （みほん） ■氏名又は名称及び住所 ○○株式会社 ○○県○○市○○町○○番 ■産業廃棄物の種類・数量 廃○○○○・○○トン ■積載日 ○年○月○日 ■積載した事業場 ○○○○工場 ○○県○○市○○町○○番 TEL○○-○○○○-○○○○ ■運搬先の事業場 ○○○○リサイクルセンター ○○県○○市○○町○○番 TEL○○-○○○○-○○○○	【共通】 ・次の事項を記載した書面 運搬する産業廃棄物の種類と数量 委託者の氏名又は名称 積載した日並びに積載した事業場の名称、連絡先 運搬先の事業場の名称、連絡先 【紙のマニフェスト利用の場合】 ・マニフェスト ・収集運搬業許可証の写し （当該運搬に係る行政のものすべて） 【電子マニフェスト利用の場合】 ・電子マニフェスト使用証の写し ・収集運搬業許可証の写し （当該運搬に係る行政のものすべて）

※みほんの出典は環境省「産業廃棄物収集運搬車への表示・書面備え付け義務パンフレット」
（http://www. env. go. jp/recycle/waste/pamph/）

　車体への表示や携帯書類に関して、環境省は平成17年2月18日「廃棄物の処理及び清掃に関する法律施行令の一部を改正する政令等の施行について」（環廃対発第050218003号、環廃産発第050218001号）の中でより詳しい考え方を示しています。車体への表示について、運搬中に表示がされていればマグネット等の取り外し可能なものでもよいとされています。

　携帯すべき書面について、自ら運搬を行う場合の記載事項の規定はありますが、その様式に定めはなく、何らかの伝票等で代替することができます。また、内容が網羅されていれば複数の書類に分かれていても問題ないとされています。

　収集運搬業者で電子マニフェストを使用して当該運搬の委託を受けている場合には、携帯端末等で情報センターや本社と常時連絡が可能であり、書面に記載が必要な事項をすぐに確認できる状態であれば書面の備えつけは不要としています。

積替保管はあくまで運搬過程で行われるもの

2－2　積替保管に関する基準

重要度
★☆☆

　積替保管とは、収集運搬の過程で廃棄物を積替え又は保管する行為です。積替保管が行われる一例としては、処分委託先が遠方にある場合に、排出事業場からその処分先まで直接収集運搬を行わずに、途中で長距離用の車両へ産業廃棄物を積替えて運搬をすることがあります。

■ 図表4－6　積替保管の基準

①通常、当該保管をする産業廃棄物の数量が、当該保管の場所における1日当たりの平均的な搬出量に7を乗じて得られる数値を超えないようにすること。
②あらかじめ、積替えを行った後の運搬先が定められていること。
③搬入された産業廃棄物の量が、積替えの場所において適切に保管できる量を超えるものでないこと。
④搬入された産業廃棄物の性状に変化が生じないうちに搬出すること。
⑤石綿含有産業廃棄物又は水銀使用製品産業廃棄物の積替保管を行う場合は、他の物と混合するおそれのないように、仕切りを設ける等必要な措置を講ずること。

　産業廃棄物の収集運搬に伴う積替えや一時保管を行う場所を**積替保管施設**と言います。収集運搬業者へ運搬を委託する場合、その**過程で積替保管を認めるかどうかは排出事業者が判断します。**

　廃棄物処理法ではこの積替保管を行う場合、図表4－6の基準が定められており、積替保管はその基準を満たして行われなければなりません。

　①は積替保管施設での保管上限に関する基準です。この基準は法律の中で定められた上限です。実際にその施設で積替保管できる廃棄物の種類や数量の上限は収集運搬業許可証の中に記載されるので、許可証を確認しましょう。

　積替保管は運搬の過程である以上、②の通り、**積替えた後の運搬先は事前に決まっていなければなりません。**

　また、④は保管中に腐敗するなど産業廃棄物の性状に変化が発生してしまうと、予定していた処分先で受入ができないなど、適正な処理が行えなくなるおそれもあるためです。保管上限等によらずできる限り速やかに運搬が行われることが望ましいと言えます。

　積替保管施設では、廃棄物の選別のほか、有価物の抜き取りも認められています。これは、廃棄物としての物流を効率化する面では極めて有用ですが、排出時から廃棄物の性状や数量が異なってしまうため、排出から処分完了までのトレーサビリティを確保することが難しくなってしまいます。

　例えば、積替保管施設において選別を行う場合、積替保管はあくまでも収集運搬業の一部であることから、排出の段階であらかじめ積替後の運搬先を定めておく必要があります。また、積替における選別作業後に運搬先が異なるならば、排出の段階から積替後の運搬先ごとにマニフェスト交付が必要となります。排出段階で、選別後のそれぞれの種類の数量把握ができるかというと、実質的に数量管理が非常に難しくなる可能性があり、排出事業者の管理においては、取扱いが難しい施設であると言えます。

処分の方法や基準

産業廃棄物の処分に係る基準は、基本的には排出事業者が対象ではないと言えますが、処分方法や、それぞれの処分基準などについて把握しておくことは、処理業者の選定や、排出時の分別方法等の社内体制を構築する際に大切です。

排出事業者が自ら処理する場合でも許可が必要なものがある

3－1　産業廃棄物処分施設の設置

重要度 ★★☆

一定規模以上の処分施設を設置する場合、業許可とは別に、**産業廃棄物処理施設設置許可**（いわゆる「**施設許可**」、「**15条許可**」）が必要です。この許可は法人や事業場ごとではなく、設置する施設ごとに必要となります。ここでいう施設とは、中間処理場などの処分場全体を指すのではなく、破砕機や焼却炉といった設備を意味します。

■ 図表4－7　産業廃棄物処理施設の許可証の例

　施設許可は、処分業者に限ったものではなく、**排出事業者が、自らの廃棄物の処分を行う場合でも条件に該当する施設であれば必要**です。

■ 図表 4 − 8　産業廃棄物処理施設の許可が必要となる条件（法第15条第 1 項、施行令第 7 条）

処理施設の分類		規模	備考
汚泥の脱水施設		処理能力10㎥/日を超える	―
汚泥の乾燥施設	天日乾燥以外	処理能力10㎥/日を超える	―
	天日乾燥	処理能力100㎥/日を超える	―
汚泥の焼却施設 （イ～ハのいずれかに該当するもの）		イ）処理能力 5 ㎥/日を超える ロ）処理能力200kg/h以上 ハ）火格子面積 2 ㎡以上	ＰＣＢ汚染物及びＰＣＢ処理物を除く
廃油の油水分離施設		処理能力10㎥/日を超える	海洋汚染防止法第 3 条第14号の廃油処理施設を除く
廃油の焼却施設 （イ～ハのいずれかに該当するもの）		イ）処理能力 1 ㎥/日を超える ロ）処理能力200kg/h以上 ハ）火格子面積 2 ㎡以上	・海洋汚染防止法第 3 条第14号 の廃油処理施設を除く ・廃ＰＣＢ等を除く
廃酸・廃アルカリの中和施設		処理能力50㎥/日を超える	―
廃プラスチック類の破砕施設		処理能力 5 t /日を超える	―
廃プラスチック類の焼却施設 （イ、ロのどちらかに該当するもの）		イ）処理能力100kg/日以上 ロ）火格子面積 2 ㎡以上	ＰＣＢ汚染物及びＰＣＢ処理物を除く
木くず又はがれき類の破砕施設		処理能力 5 t/日を超える	―
金属等又はダイオキシン類を含む汚泥のコンクリート固型化施設		すべての施設	―
水銀又はその化合物を含む汚泥のばい焼施設		すべての施設	―
廃水銀等の硫化施設		すべての施設	―
汚泥、廃酸又は廃アルカリに含まれるシアン化合物の分解施設		すべての施設	―
廃石綿等又は石綿含有産業廃棄物の溶融施設		すべての施設	―
廃ＰＣＢ等、ＰＣＢ汚染物又はＰＣＢ処理物の焼却施設		すべての施設	―
廃ＰＣＢ等又はＰＣＢ処理物の分解施設		すべての施設	―
ＰＣＢ汚染物又はＰＣＢ処理物の洗浄施設又は分離施設		すべての施設	―
上記以外の焼却施設		次のいずれかに該当するもの イ）処理能力200kg/h以上 ロ）火格子面積 2 ㎡以上	―

イ）遮断型最終処分場	すべての施設	
ロ）安定型最終処分場	すべての施設 （水面埋立地を除く）	―
ハ）管理型最終処分場	すべての施設	

　また、施設許可が必要な処理施設を設置する場合、その廃棄物処理施設の維持管理に関する技術上の業務を担当させるため、**技術管理者**を置かなければなりません（法第21条第１項）。この技術管理者の資格は図表４－９の通りです。

■ 図表４－９　技術管理者となるための資格

資格	実務経験
技術士（化学部門、水道部門、衛生工学部門）	―
技術士（上記以外の部門）	１年以上
２年以上環境衛生指導員の職にあったもの	―
大学で理学、薬学、工学又は農学課程の衛生工学又は化学工学に関する科目を修めて卒業	２年以上
大学で理学、薬学、工学、農学若しくはこれらに相当する課程で衛生工学又は化学工学に関する科目以外の科目を修めて卒業	３年以上
短大、高専で理学、薬学、工学、農学課程の衛生工学又は化学工学に関する科目を修めて卒業	４年以上
短大、高専で理学、薬学、工学、農学若しくはこれらに相当する課程で衛生工学又は化学工学に関する科目以外の科目を修めて卒業	５年以上
高校で土木科、化学科又はこれらに相当する科目を修めて卒業	６年以上
高校で理学、工学、農学又はこれらに相当する科目を修めて卒業	７年以上
上記以外の者	10年以上
上記と同等以上の知識及び技能を有する者	

　図表４－９の実務経験とは、廃棄物の処理に関する技術上の実務に従事した経験を有するものとされています。（施行規則第17条）「上記と同等以上の知識及び技能を有する者」は、一般財団法人日本環境衛生センターが主催する「廃棄物処理施設技術管理者講習」を修了した者等が該当します。

　産業廃棄物の処理施設を設置しようとする場合、以下のような手続きを経る必要があります。

■ 図表4-10　産業廃棄物処理施設の設置許可手続きフローの例

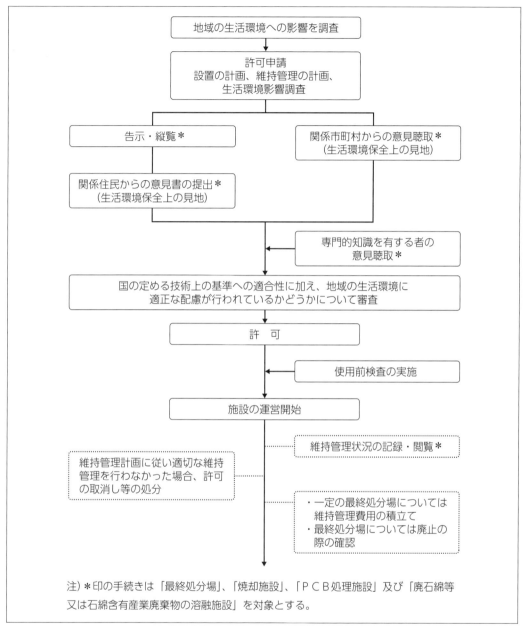

地域の生活環境への影響を調査

許可申請
設置の計画、維持管理の計画、
生活環境影響調査

告示・縦覧＊

関係市町村からの意見聴取＊
（生活環境保全上の見地）

関係住民からの意見書の提出＊
（生活環境保全上の見地）

専門的知識を有する者の
意見聴取＊

国の定める技術上の基準への適合性に加え、地域の生活環境に
適正な配慮が行われているかどうかについて審査

許　可

使用前検査の実施

施設の運営開始

維持管理状況の記録・閲覧＊

維持管理計画に従い適切な維持
管理を行わなかった場合、許可
の取消し等の処分

・一定の最終処分場については
　維持管理費用の積立て
・最終処分場については廃止の
　際の確認

注）＊印の手続きは「最終処分場」、「焼却施設」、「ＰＣＢ処理施設」及び「廃石綿等
　　又は石綿含有産業廃棄物の溶融施設」を対象とする。

　処理施設は、許可を受けてから設置する必要があり、運営開始の前に使用前検査を受ける必要も
あります。許可までには、環境アセスメントにあたる生活環境影響調査を行う必要があります。一
定規模以上の処理施設の場合には、環境影響評価法に基づく環境アセスメントが必要になる場合も
あり、さらに詳細な手続きを経なければならない場合もあります。また、このフローのほかにも、
許可する自治体によっては、住民への説明プロセスをさらに求めている場合もあります。

　施設設置許可は業許可とは別のものであるため、他社から排出された産業廃棄物の受託を行うに
あたっては、施設設置許可を受けたのちに、産業廃棄物処分業の許可を得なければなりません。

　一般廃棄物の処理施設を設置しようとする場合にも、同様の設置許可が必要になる場合がありま

す。許可が必要となる一般廃棄物処理施設の基準は以下の通りです。

■ 図表 4 −11　一般廃棄物処理施設の許可が必要となる条件（法第 8 条、施行令第 5 条）

処理施設の分類		規模
ごみ処理施設	焼却施設	次のいずれかに該当するもの イ）処理能力200kg/h以上 ロ）火格子面積 2 ㎡以上
	その他の施設	処理能力が 5 t /日以上
し尿処理施設		浄化槽を除くすべての施設
最終処分場		すべての施設

廃棄物を処理する場合は記録が必要

3－2　帳簿について

重要度
★☆☆

　廃棄物処理法では、産業廃棄物の収集運搬業者や処分業者に対して、**帳簿**の備え付けと保存を義務付けています。この帳簿に関する規制について、廃棄物処理法では政令で定める排出事業者にも同様の義務を定めています（法第7条第15項、同第16項、第12条第13項、第12条の2第14項）。

■ 図表4－12　排出事業者の帳簿の義務

対象となる事業者	帳簿の記載事項
①産業廃棄物を処理するために、産業廃棄物処理施設を設置している事業者 ②産業廃棄物処理施設以外の産業廃棄物の焼却施設を設置している事業者 ③排出事業場外において自ら当該産業廃棄物の処分又は再生を行う事業者 ④親子会社間の自ら処理の認定を受けた事業者 ⑤特別管理産業廃棄物の排出事業者で、自らその運搬又は処分を行う事業者	①や②の事業者：当該施設で処分した産業廃棄物の種類ごとに次の事項 ・処分年月日　　　・処分方法ごとの処分量 ・処分後の廃棄物の持出先ごとの持出量 ③や④の事業者：運搬／処分について産業廃棄物の種類ごとに次の事項 ＜運搬について＞　・排出事業場の名称及び所在地 　　　　　　　　　・運搬年月日 　　　　　　　　　・運搬方法と運搬先ごとの運搬量 　　　　　　　　　・積替え保管を行った場合は保管場所ごとの搬出量 ＜処分について＞　・処分場所の名称及び所在地 　　　　　　　　　・処分年月日 　　　　　　　　　・処分後の廃棄物の持出先ごとの持出量 ⑤の事業者：運搬／処分について特別管理産業廃棄物の種類ごとに次の事項 ＜運搬について＞　・排出事業場の名称及び所在地 　　　　　　　　　・運搬年月日 　　　　　　　　　・運搬方法と運搬先ごとの運搬量 　　　　　　　　　・積替え保管を行った場合は保管場所ごとの搬出量 ＜処分について＞　・排出事業場の名称及び所在地 　　　　　　　　　・処分年月日 　　　　　　　　　・処分方法ごとの処分量 　　　　　　　　　・処分後の廃棄物の持出先ごとの排出量

　帳簿は事業場ごとに備え、毎月末までに前月の記載事項の記載が終了していなければなりません（施行規則第8条の5第2項）。そして、帳簿は1年ごとに閉鎖し、事業場ごとに閉鎖後5年間の保存が義務付けられています（施行規則第8条の5第3項）。

　特別管理産業廃棄物の排出事業者の備え付けるべき帳簿について、平成22年の法令改正により、「運搬の委託」「処分の委託」の欄が削除されました。その処理を委託した場合、産業廃棄物管理票制度にて管理されることから、処理を委託した場合には帳簿の記載を不要としたものです。

産業廃棄物処理業者も、処理施設を設置して処理を行っているため、帳簿を備え付けることが義務付けられています（法第14条第17項）。

中間処理業者の場合、図表4－13のように、複数の排出事業者から委託を受け、中間処理後に搬出する二次委託先が存在する場合が一般的です。このような場合、中間処理業者はその帳簿の中で、受け入れた産業廃棄物と、処理後に搬出した産業廃棄物について紐づけをします。一般的に、この整合を取ることを「紐付けする」と言い、処理業者のこのような帳簿は**紐付け台帳**と呼ばれます。

■ 図表4－13　紐付け台帳の仕組み

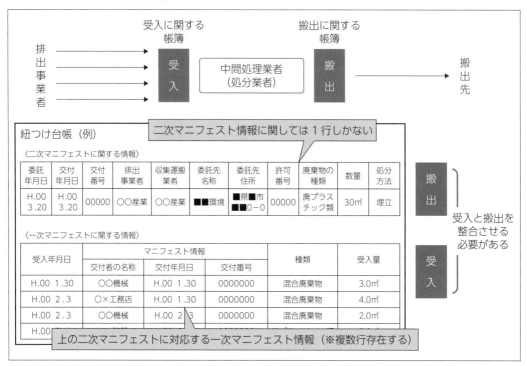

通常、この紐付け作業はマニフェストをもとに行われます。図表4－13の下段の記録は排出事業者から交付されたマニフェスト（**一次マニフェスト**）をもとに、数量やマニフェストの交付番号等の帳簿に必要な事項を記録します。上段の記録は中間処理業者が二次委託を行う際に交付するマニフェスト（**二次マニフェスト**）をもとに、数量やマニフェストの交付番号等の必要な事項を記録します。

これらの情報を紐付け台帳に記録する際は、一つの二次マニフェストの情報に対して、紐付ける一次マニフェストの情報を台帳に記録します。

紐付け台帳を確認することで委託した産業廃棄物がいつ処分され、どこへ搬出されたかの記録を確認することができます。この帳簿の記載は処理業者に義務付けられているため、排出事業者として交付したマニフェストの交付番号が、処理業者の帳簿のどこにも紐付いていない場合、委託した廃棄物が適正に処理されていない、あるいはその処理業者は受託した廃棄物の処分や二次委託先への委託について適正な管理ができていない可能性があるため注意が必要です。

廃棄物の種類に合った処分が必要

3－3　中間処理の方法

　環境省は、処分とは「廃棄物を物理的、化学的又は生物学的な手段によって形態、外観、内容等について変化させること」としています。具体的には、減量・減容化、安定化、無害化する行為と言えます。その中でも**中間処理**は文字通り、廃棄物の最終処分（再生含む）に進む前の中間行程における処分のことを指します。そのため、産業廃棄物の種類やその後の最終処分等の方法によって様々な中間処理の方法があります。

■ 図表 4 −14　主な中間処理の方法

中間処理方法	対象となる主な産業廃棄物の種類※
焼却	木くず、紙くず、廃プラスチック類　廃油　等
破砕	木くず、紙くず、廃プラスチック類、がれき類　等
圧縮	紙くず、廃プラスチック類、金属くず　等
選別	混合廃棄物（複数の種類が混ざった廃棄物）
中和	廃酸、廃アルカリ　等
脱水	汚泥　等
溶融	金属くず、医療系廃棄物、石綿又は石綿を含有する廃棄物　等

※上記の種類は参考です。施設の能力や許可の内容により、上記以外でも処理できたり、上記に記載があっても処理できなかったりする場合があります。

■ 図表 4 −15　焼却施設の構造基準と維持管理基準

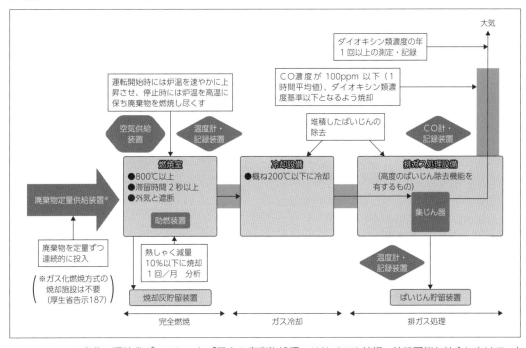

※出典：環境省パンフレット「日本の廃棄物処理・リサイクル技術−持続可能な社会に向けて−」

焼却は、廃棄物を燃やして縮減する中間処理です。昭和58年に焼却炉の灰からダイオキシンが検出され、以降規制強化が進められ、平成12年にダイオキシン類対策特別措置法が施行、産業廃棄物の焼却施設の基準も厳しくなりました。この規制強化により小型の焼却炉を中心に廃止が進み、大型で能力の大きな焼却炉が残りました。

　焼却の残さとしては燃え殻やばいじんが発生します。焼却を行うことで発生する熱を再利用する**サーマルリサイクル（熱回収）**を行っている施設もあります。

　焼却炉の主な構造としては「ロータリーキルン式」や「ストーカ炉」、「流動床炉」等がありますが、現在稼働中の焼却炉はすべて、排ガス規制を含め現行の厳しい排出規制をクリアしています。

　破砕は、産業廃棄物を破砕することで、減容することを目的とする中間処理です。破砕後の残さはその性状により有価物として売却される場合の他、焼却処理、埋立処理されることが一般的です。

　特に木くずの破砕後の残さは木質チップと呼ばれ、バイオマス燃料や建材のパーチクルボードの原料、製紙原料となる場合があります。木くずの例のように原料や燃料とするために行う破砕は再生と言えます。

　破砕機は回転刃の数により1軸から3軸のものに分けられます。刃の形状によりハンマータイプとシュレッダータイプに分けられますが、その他にこの両方の特徴を備えたものなど種類は多様です。

　圧縮は、産業廃棄物を圧縮することで、減容することを目的とする中間処理です。廃プラスチック類や紙くずなどは比重が小さく、金属くずなどは発生したままでは隙間が多いため、輸送効率が悪くなります。これらのような廃棄物を圧縮することで、比重を大きくし、荷姿を整え、輸送効率を上げることができます。圧縮されたものは、その後の運搬等を行いやすくするために、ひもやビニールシートでベールされます。

　圧縮は基本的に産業廃棄物そのものをただ押し固めるという手法のため、都道府県等によっては中間処理とは認めていない（圧縮処理単独での業許可を出さない）ところもあります。

　選別は、自治体によっては他の処理と組み合わせて許可する場合があります。混合廃棄物と言われる複数種の産業廃棄物が混ざった状態を分別することで種類ごとなどに仕分ける行為です。選別の方法はベルトコンベア等を使用して作業員の手作業で選別する手選別と、金属くずなどを磁選機で選別するなど機械を使った機械選別があります。混合廃棄物のままでは焼却や埋立しかできないものを、種類ごとなどに選別することでリサイクルできるようにします。

　選別は他の処理の前段階として行われるものであり、選別単独では中間処理とは認めていない自治体が多いです。選別を単独で中間処理と認める場合でも、ふるいによる選別や磁力や風力を使った分離など、複数の機械や手選別を組み合わせることで中間処理として認められることが一般的と言えます。

　中和は、廃酸や廃アルカリ等を中和剤でpH調整することで安定・無害化する中間処理です。中間処理後は中和処理された後の液体等が廃液となります。排液は排水基準等を満たすことで、そのまま河川等へ放流が可能になる場合もありますが、有害な化学物質や金属等が含まれている排液の

場合はそれらを沈殿させ、除去するなど、さらなる処理が必要となります。

　脱水は、汚泥等から水分を分離する中間処理です。処理後は脱水後の汚泥（一般に**脱水ケーキ**と言われます）と脱水により分離した汚水が残ります。一般的に脱水ケーキは二次処分として堆肥化や埋立処分がされ、汚水は微生物処理などを行い下水や河川等に放流されます。

　溶融は熱を使って産業廃棄物を溶かすことで減容化することを目的とする中間処理です。廃プラスチック類などを比較的低温で溶融する方法と1,300℃以上の高温でほぼすべての廃棄物を溶融する方法があります。発泡スチロールは、低温で溶融し、インゴット状にすることで売却できます。一般的に**焼却の温度が800℃以上**なのに対し、高温溶融では、設備の種類にもよりますが**溶融炉では1,300℃以上**で産業廃棄物を溶かします。特にガス化溶融では、廃棄物を500℃〜600℃で炭化する前工程を経て、溶融炉に投入し、1,300℃〜2,000℃の高温で溶融します。ガス化溶融はほぼすべての種類の廃棄物の受入れが可能な仕組みと言えます。

　ガス化溶融の前工程で発生する可燃性ガスは発電設備の燃料として利用され、残さとなる溶融スラグは路盤材などに利用されます。溶融後に発生する溶融メタルは製錬会社に送られて金属原料として利用されます。高温で溶かすことで無害化するため、**廃石綿などの特別管理産業廃棄物の処理方法として用いられる**こともあります。

　これらの中間処理方法は主なものであり、また同じ中間処理でも施設の規模や種類等によって処分できる廃棄物の種類や残さとして残る廃棄物は異なります。産業廃棄物の管理担当者として、排出する産業廃棄物の種類や性状を把握し、中間処理業者とその情報を正確に共有することで処理方法を検討することが大切です。

COLUMN.24 ｜ ＲＰＦ化の中間処理

　ＲＰＦとは、Refuse derived paper and plastics densified Fuelの略称であり、主に産業廃棄物である廃プラスチック類、紙くず、木くず等を原料にした固形燃料です。破砕し異物を取り除いた原料に熱が加わることでプラスチックが溶け、成型されます。設備や許可自治体により「圧縮固化」、「固形燃料化」などといくつかの名称で呼ばれる中間処理方法です。

　発生履歴がある程度明らかな産業廃棄物を主原料としているため、品質を安定されることができ、廃プラスチック類と紙くず等の混合比率によって、熱量をコントロールすることもできます。石炭等の化石燃料の代替として、製紙会社や鉄鋼会社等で大量に必要となる燃料として使用されています。新たな製品の原材料となるマテリアルリサイクルではなく、燃料として使用するサーマルリサイクルにあたると考えられます。なお、家庭系の可燃ごみを原料とするＲＤＦ（Refuse Derived Fuelの略称）は、ＲＰＦに比べて品質が落ちるとされています。

法定の保管上限の範囲内で、施設ごとに許可される

3－4　中間処理のための保管上限

産業廃棄物の中間処理（処分又は再生）を行う施設においては、保管量の上限が定められています（施行令第6条第1項第2号ロ（3）、施行規則第7条の8）。

基本となる保管上限は、処理施設の1日当たりの処理能力の14倍（14日分の処理量）ですが、運搬船や定期点検時のように大量の保管が必要なケースなどでは、基本となる上限が緩和されています。

■ 図表4－16　中間処理施設の処分のための保管場所の保管上限数量

区分			保管上限
基本数量			処理能力（処理施設の1日当たり）×14
特例措置	運搬船（積載量が基本数量を超える場合）		積載量＋基本数量／2
	定期点検等（あらかじめ決まったもので、期間が7日を超える場合）		処理能力×点検日数＋基本数量／2
	廃プラスチック類の優良産業廃棄物処分業者		処理能力×28
	建設業に係る産業廃棄物（石綿含有産業廃棄物を除く）	木くず　コンクリート破片	処理能力×28　※排出事業者又は優良産業廃棄物処分業者が、新型インフルエンザ等による施設の運転停止や、やむを得ない理由により行う保管の場合、処理能力×49
		アスファルト・コンクリート破片	処理能力×70　※排出事業者又は優良産業廃棄物処分業者が、新型インフルエンザ等による施設の運転停止や、やむを得ない理由により行う保管の場合、処理能力×91
	豪雪地帯の廃タイヤ（11月〜翌年3月）※豪雪地帯対策特別措置法の規定に基づく豪雪地帯指定区域		処理能力×60
	使用済自動車等		使用済自動車等を保管する場合の高さの上限を超えない保管数量
	汚泥（有機性の汚泥を除く）、安定型産業廃棄物、優良産業廃棄物処分業者※新型インフルエンザ等による施設の運転停止や、やむを得ない理由により行う保管		処理能力×35

特例措置のうち、廃プラスチック類の優良産業廃棄物処分業者の保管上限の緩和については、令和元年9月4日に公布、施行されています。これは、外国政府による使用済プラスチック等の輸入禁止措置等により、国内で処理される廃プラスチック類等の量が一時的に増大したことに対応するものでした。

基本数量も特例措置も、表中の数量は、あくまでも保管できる上限であることに注意が必要です。実際には、保管基準を満たした保管場所が確保される範囲において、施設内で保管できる産業廃棄物の種類も量も決定されるものです。

埋立方法にも種類とそれぞれの基準がある

3-5　埋立処分の方法

　最終処分には埋立処分と海洋投入処分の 2 つの方法がありますが、海洋投入処分の原則禁止を定めたロンドン条約があり、日本でも廃棄物処理法で、**海洋投入処分は原則として禁止**しています。

> **施行令第 6 条第 1 項第 5 号（一部抜粋）**
> （略）埋立処分を行うのに特に支障がないと認められる場合には、海洋投入処分を行わないようにすること。

　埋立処分を行う場所を「最終処分場」とも呼びます。最終処分場はその能力によって、3 種類に分けられます。

①安定型最終処分場

　安定型最終処分場は、有害物質や有機物等が付着しておらず、雨水等にさらされても性状がほとんど変化しない安定型産業廃棄物のみを埋立処分可能な施設です。

■ 図表 4-17　安定型最終処分場の構造

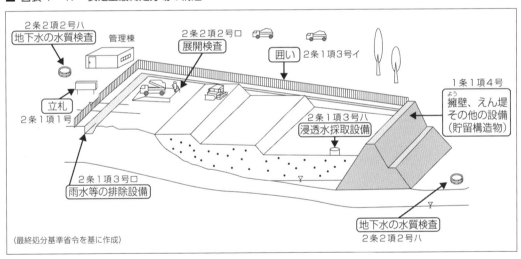

（最終処分基準省令を基に作成）

※出典：「特別管理産業廃棄物管理責任者に関する講習会テキスト　平成30年度」
（公益財団法人日本産業廃棄物処理振興センター）

　安定型最終処分場は図表 4-17 にある通り、処分場の内部と外部を遮断する遮水工や、浸透水（最終処分場内に浸透した地表水）の集排水施設、その処理施設の設置が必要ない埋立処分場です。

　これらの設備がないため、腐敗し、有害物質等を含んでいる廃棄物を埋立てると周辺の土壌や地下水などを汚染するおそれがあります。このような廃棄物が混入しないように、**安定型最終処分場では受け入れた産業廃棄物の展開検査が義務付けられており、**この検査を確実に実施することが求められています。

また、安定型最終処分場に埋立てることができる**廃プラスチック類、がれき類、ガラスくず・コンクリートくず及び陶磁器くず、金属くず、ゴムくずの5種類は一般的に安定型産業廃棄物と呼ばれます**。ただし、石膏ボードや自動車破砕物のように、5種類に該当するものであっても、安定型産業廃棄物からは除かれるものがあります。これらの安定型の5種類のみが混合された混合廃棄物を**安定型混合廃棄物**と言います。

■ 図表4−18　安定型産業廃棄物の種類（施行令第6条第1項第3号イ）

種類	安定型産業廃棄物からは除かれるもの
廃プラスチック類	・自動車等破砕物〔自動車（原動機付自転車を含む）若しくは電気機械器具又はこれらのものの一部〔自動車の窓ガラス、自動車のバンパー（プラスチック又は金属から成る部分に限る）及び自動車のタイヤを除く〕の破砕に伴って生じたもの〕 ・廃プリント配線板（鉛を含むはんだが使用されているもの） ・廃容器包装（固形状又は液状の物の容器又は包装であって不要物であり、水銀等の有害物質又は有機性の物質が混入し、又は付着しているもの） ・水銀使用製品産業廃棄物
がれき類	—
ガラスくず、コンクリートくず及び陶磁器くず	・自動車等破砕物、廃ブラウン管（側面部に限る）、廃石膏ボード及び廃容器包装であるもの
金属くず	・自動車等破砕物、廃プリント配線板、鉛蓄電池の電極であって不要物であるもの、鉛製の管又は板であって不要物であるもの及び廃容器包装であるもの
ゴムくず	—
鉱さい	※廃石綿、石綿含有廃棄物を溶融又は無害化処理した後のもので、有害物質に関する基準を満たしているものに限る。（平成18年7月27日環境省告示第105号）

　安定型最終処分場で埋立処分を行う場合には、安定型産業廃棄物以外の廃棄物が混入し、又は付着するおそれのないように必要な措置を講じなければなりません（施行令第6条第1項第3号ロ）。その他、以下の表のように、廃棄物の種類によってはあらかじめ前処理を行わなければならない場合があります。（施行令第6条第1項第3号ヘ〜ヲ）

　建設工事に伴って排出される混合廃棄物について、安定型産業廃棄物以外の廃棄物が混入し、又は付着することを防止する方法として、選別した結果、熱しゃく減量5％以下とすることが示されています（環境庁告示第34号、平成10年6月16日）。

■ 図表４－19　安定型産業廃棄物の種類別処分基準

廃棄物の種類	処分基準
ゴムくず	次のいずれかによること。 １．燃え殻等の埋立基準と同じく、焼却設備による焼却、又は熱分解設備による熱分解を行うこと。 ２．最大径おおむね15cm以下に破砕、切断すること。
廃プラスチック類（石綿含有産業廃棄物を除く）	次のいずれかによること。 １．燃え殻等の埋立基準と同じく、焼却設備による焼却、又は熱分解設備による熱分解を行うこと。 ２．中空でないように、かつ、最大径おおむね15cm以下に破砕、切断、若しくは溶融設備を用いて溶融加工すること。
石綿含有産業廃棄物	次のいずれも満たすこと。 １．埋立地内の一定の場所で分散しないようにすること。 ２．埋立地の外に飛散、流出しないように、その表面を土砂で覆う等必要な措置を講ずること。

②管理型最終処分場

　管理型最終処分場は、有害物質の濃度が基準以下の燃え殻、汚泥、紙くず、木くず、繊維くず、動植物性残さ、動物系固形不要物、鉱さい、動物のふん尿及び石膏ボードを埋立てることができる施設です。また、管理型最終処分場では、安定型最終処分場で埋立てることができる産業廃棄物も処分できます。

■ 図表４－20　管理型最終処分場の構造

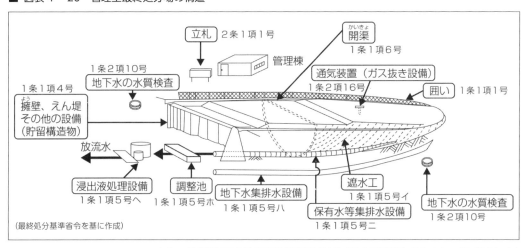

(最終処分基準省令を基に作成)

※出典：「特別管理産業廃棄物管理責任者に関する講習会テキスト　平成30年度」
（公益財団法人日本産業廃棄物処理振興センター）

　管理型最終処分場では、保有水等（埋立てられた産業廃棄物が保有する水分）や埋立地内に浸透した地表水、有機物等が分解される際のガスが発生します。そのため、埋立地内にガス抜きのための通気装置、保有水等が地下水へ浸透し汚染すること防止するための遮水工、埋立地内で発生した保有水等を処理する浸出液処理施設など、汚染防止のための設備の設置が義務付けられています。

　管理型最終処分場へ埋立てることができる種類を安定型産業廃棄物に対して**管理型産業廃棄物**と

呼びます。また、**管理型産業廃棄物だけの混合廃棄物、又は管理型産業廃棄物と安定型産業廃棄物が混ざった混合廃棄物は管理型混合廃棄物**と呼ばれます。

③遮断型最終処分場

　遮断型最終処分場は有害な金属等を含む産業廃棄物の中で、安定型最終処分場や管理型最終処分場の埋立可能な基準に適合しないものを埋立てるための施設です。

■ 図表4－21　遮断型最終処分場の構造

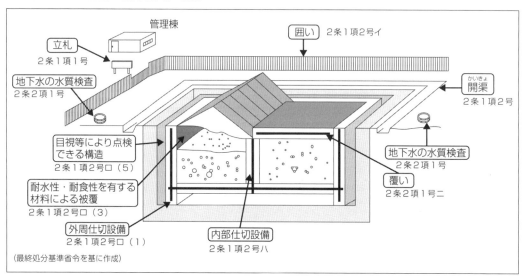

※出典：「特別管理産業廃棄物管理責任者に関する講習会テキスト　平成30年度」
（公益財団法人日本産業廃棄物処理振興センター）

　遮断型最終処分場では特に有害な廃棄物を自然から隔離して埋立てるため、埋立地は強固なコンクリート構造物で造られ、内部は耐水性・耐食性を有する材料により被覆され、雨水の流入を防止するために屋根などの覆いも設けられます。遮断型最終処分場は基準も厳しく、環境省の「産業廃棄物行政組織等調査（平成30年度実績）」によると全国で23施設のみとなっています。

特別な基準を要する廃棄物

普通の産業廃棄物以上の対応が不可欠

4－1　特別管理産業廃棄物の処理方法と基準

重要度
★☆☆

　特別管理産業廃棄物は人の健康や生活環境に係る被害を生ずるおそれがある性状を持っているため、その取扱いや処理方法には特に注意が必要です。廃棄物処理法では、特別管理産業廃棄物を収集運搬又は処分する場合の基準を普通の産業廃棄物の処理基準とは別により厳しく定めています。ここでは、普通の産業廃棄物の処理基準とは異なる部分についてまとめます。

■ 図表4－22　特別管理産業廃棄物の処理基準

保管に係る基準 （施行規則第8条の13等）	・特別管理産業廃棄物に他の物が混入するおそれのないように仕切りを設けること等必要な措置を講ずること 　（ただし、感染性産業廃棄物と感染性一般廃棄物とが混合している場合で、これら以外のものが混入するおそれのない場合は仕切りを設けないで保管できる） ・廃油、PCB廃棄物である場合、容器に入れて密封する等、廃油、PCBの揮発の防止のために必要な措置、及び高温にさらされないために必要な措置を講ずること ・廃酸、廃アルカリである場合、容器に入れて密封する等、腐食を防止するために必要な措置を講ずること ・PCB廃棄物である場合、腐食の防止のために必要な措置を講ずること ・廃石綿等である場合、梱包する等、飛散の防止のために必要な措置を講ずること ・腐敗するおそれのある特別管理産業廃棄物である場合、容器に入れて密封する等、腐敗の防止のために必要な措置を講ずること
収集運搬に係る基準 （施行令第6条の5 第1項第1号等）	・特別管理産業廃棄物がその他の物と混合するおそれのないように、他の物と区分して収集又は運搬すること ・感染性のある特別管理産業廃棄物を収集運搬する場合は、必ず運搬容器に収納して運搬すること ・上記の運搬容器は密閉できて、収納しやすく、損傷しにくい構造であること ・運搬容器に表示されている場合を除き、収集運搬を行う者は特別管理産業廃棄物の種類と取り扱う際の注意事項を記載した文書を携帯すること ・特別管理産業廃棄物はPCB廃棄物を除いて、積み替えを行う場合以外に保管してはいけない ・特別管理産業廃棄物の積替保管を行う場合、特別管理産業廃棄物がその他の物と混合するおそれのないように、仕切りを設けるなど必要な措置を講ずること ・特別管理産業廃棄物の積替保管を行う場合、腐敗するおそれのある特別管理産業廃棄物は容器に入れ、密封するなど腐敗防止のための措置を講ずること
中間処理に係る基準 （施行令第6条の5 第1項第2号等）	・処理施設における特別管理産業廃棄物の保管は、適正な処分又は再生を行うためにやむを得ないと認められる期間以内であること ・保管量の上限は1日当たりの処理能力に14を乗じて得られる数量とすること ・特別管理産業廃棄物である廃油は焼却設備を用いて焼却する方法等で処分すること ・特別管理産業廃棄物である廃酸、廃アルカリは中和設備を用いて中和する方法等で処分すること ・感染性産業廃棄物の処分は焼却設備を用いて焼却する方法やその他法令に基づく方法等で行われること
埋立処分に係る基準 （施行令第6条の5 第1項第3号等）	・カドミウム等の有害な重金属を含む汚泥やばいじん等で埋立判定基準に適合しないものは遮断型最終処分場で埋立てること ・特別管理産業廃棄物である廃油の埋立処分を行う場合は、あらかじめ焼却設備で焼却をすること ・廃酸、廃アルカリ、感染性産業廃棄物は埋立処分を行ってはいけないこと

石綿は飛散させないことが重要

　石綿は、「いしわた」「せきめん」「アスベスト」と呼ばれます。石綿は繊維状の鉱物であり、その有用性から主に建材をはじめ、様々なものに広く使用されました。

■ 図表4－23　石綿の特徴

特徴	長所	短所
繊維状である （髪の毛の約5,000分の1の細さ）	引っ張りに強く、他のものと混ぜるなどの加工が容易	飛散しやすく、人体に吸引されやすい
鉱物である	耐火性にすぐれる	人体に吸引されても分解されない

　図表4－23の長所から、かつては資源として「夢の鉱物」とまで言われましたが、後になって短所が明らかになり、**人体に吸引されると長期間体内に残り、じん肺や悪性中皮腫の原因となること**が判明しました。

　現在は、石綿の新たな製造や使用は全面的に禁止されています。しかし、過去に建材として広く使用されていたため、建物のリフォームや解体時には、廃棄物として排出されることがあります。

　廃棄物処理法はこのように建設工事などから排出される石綿が廃棄物になったものを他の廃棄物と区別して規制しています。

■ 図表4－24　石綿の一般的な区分と廃棄物処理法の区分

レベル	レベル1	レベル2	レベル3
使用例	吹付け石綿	耐火被覆材、断熱材、保温材	スレート、Pタイル、石綿セメント板、など
建材として使用中の飛散	有	ほぼなし	
除去作業中の飛散	多量に飛散する可能性		施工基準に従えばほぼなし
廃棄物処理法の区分	特別管理産業廃棄物の「廃石綿等」		「石綿含有産業廃棄物」として他の産業廃棄物とは区別

　建材として使用されている石綿等の除去作業については、環境省「建築物の解体等に係る石綿飛散防止対策マニュアル　2014.6」などの施工基準に従います。

　石綿やそれを含む製品などが除去後に産業廃棄物となったものについての処理基準は廃棄物処理法に定められています。廃石綿及び石綿が飛散するおそれのあるものを**廃石綿等**として特別管理産業廃棄物に規定しています。そして、建設工事等に伴って生じた産業廃棄物であって、**石綿をその**

重量の0.1%を超えて含有するもの（廃石綿等は除く）を石綿含有産業廃棄物として規定しています。

　石綿含有産業廃棄物は特別管理産業廃棄物である「廃石綿等」とは異なり、扱いは普通の産業廃棄物に区分されます。しかし、産業廃棄物である20種類には「石綿含有産業廃棄物」というものはありません。

　石綿含有産業廃棄物は廃プラスチック類であれば、廃プラスチック類の石綿含有産業廃棄物となり、ガラス陶磁器くずであれば、ガラス陶磁器くずの石綿含有産業廃棄物に該当します。

　つまり、石綿含有産業廃棄物という名称は、取扱いに注意が必要（一部規制が他の廃棄物と異なる）なものとして、他と明確に区別するための表現と言えます。

■ 図表4－25　石綿を含む産業廃棄物の処理基準の区分

分類	石綿含有率	備考
廃石綿等	基準なし※	特別管理産業廃棄物として処理
石綿含有 産業廃棄物	0.1%超	産業廃棄物の「石綿含有産業廃棄物」 普通の産業廃棄物とは異なる基準で処理が必要
上記以外の 産業廃棄物	0.1%以下	産業廃棄物としての処理

※廃石綿等に該当するかどうかは含有率ではなく、施行規則第1条の2第9項に基づく

　廃石綿等や石綿含有産業廃棄物の処理にあたっては、環境省「石綿含有廃棄物等処理マニュアル（第3版）」にも準拠する必要があります。石綿含有廃棄物等処理マニュアルは法に基づいて廃石綿等及び石綿含有産業廃棄物の処理を適正に行うための具体的な事項を解説したものです。

　除去作業後の廃石綿等及び石綿含有産業廃棄物の収集運搬や処分の基準の概要は次の通りです。

①廃石綿等の処理基準（特別管理産業廃棄物に該当）

　収集運搬は、プラスチック袋等による梱包を行い、積込み、荷下ろしは原則として人力で行い、再飛散のリスクを防ぐため原則積替保管を行わず、処分施設へ直行します。

　処分方法は、非常に限定されており、あらかじめ固形化・薬剤による安定化がなされ、耐水性のある材料で二重梱包した廃石綿等は、許可のある管理型最終処分場に埋立を行うか、中間処理で溶融又は無害化認定処理施設で無害化することで安定型か管理型の最終処分場に埋立てることができます。

②石綿含有産業廃棄物の処理基準（普通の産業廃棄物に該当）

　収集運搬を行う際は、他の廃棄物と混合しないように区分して行い、石綿含有産業廃棄物は割れることで石綿が飛散するおそれがあるため、破断しないようできるだけ原形のまま整然と積込み、又は荷降ろしを行います。また、運搬中もシートで覆うなど飛散防止対策が必要です。

　処分方法は、中間処理で溶融又は無害化認定処理施設で無害化するか、許可のある安定型又は管理型の最終処分場へ埋立てます。

■ 図表4－26　廃石綿等又は石綿含有廃棄物の処理フロー

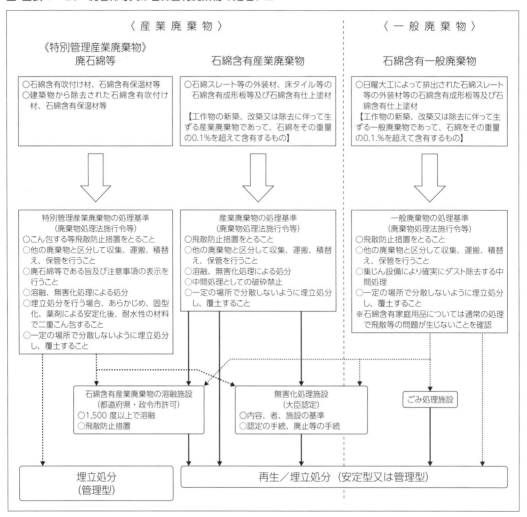

※出典：令和3年3月「石綿含有廃棄物等処理マニュアル（第3版）」
(https://www.env.go.jp/recycle/misc/asbestos-dw/manual3.pdf)

　石綿に関しては、作業開始前の石綿含有の有無の事前調査など、建築物等の解体・改修工事を行う際に必要な措置が実施されていない事例が散見されたことから、令和2年に、石綿障害予防規則と大気汚染防止法がそれぞれ改正され、規制が強化されています。建築物の事前調査は、厚生労働大臣が定める講習を修了した者等※が行うこと（令和5年10月施行）、一定規模以上の建築物や特定の工作物の解体・改修工事（解体工事：解体工事部分の床面積の合計が80㎡以上、改修工事：請負金額100万円以上、など）は、事前調査の結果等を電子システムで届け出ること（令和4年4月施行）などが定められました。一方、廃棄物処理のルールに関して、特段の改正はありません。
※CERSIでは、石綿の事前調査に必要な「建築物石綿含有建材調査者講習」の登録機関として、同講習も開催しています。（特設サイト：https://kigkt.cersi.jp/）

PCBは自然界で分解されない

4－3　PCBに係る処理基準

　PCBとはポリ塩化ビフェニルの略称です。PCBは無味無臭無色の油状の液体であり、耐熱性・粘着性・不燃性・電気絶縁性に優れ、化学的にも非常に安定していることから、トランス・コンデンサなどの電気機器に絶縁油として使用されてきました。

　PCBは分解されにくく、**人体に入ると体内に蓄積され、皮膚障害や内臓障害、ホルモン異常を引き起こします。**また、自然界でも分解されないため、一度自然の生態系へ取り込まれると地球全体へ汚染が広がることが危惧されています。国際的には、PCB等の残留性有機汚染物質による環境汚染を防止するため、残留性有機汚染物質に関するストックホルム条約が平成13年5月に採択されています。翌年8月には日本も加入しています。この条約では、PCBに関し、令和7年までの使用の全廃、令和10年までの適正な処分などが定められており、日本国内でのPCBもその期限までに処分を完了させる必要があります。

　日本国内では昭和43年10月に発生した**カネミ油症事件**によってその危険性が広く知られました。カネミ油症事件は、カネミ倉庫社製のライスオイルの中に、製造の際の脱臭工程の熱媒体として用いられたPCB等が混入したことで発生した食中毒事件です。

　廃棄物処理法ではPCB廃棄物を**廃PCB等、PCB汚染物、PCB処理物**に区分しています。

■ 図表4－27　PCBに関する廃棄物の区分

廃PCB等	PCB汚染物	PCB処理物
廃PCB、PCBを含んだ廃油	PCBが塗布されたり、染み込んだり、封入されたり、付着した汚泥、紙くず、繊維くず、廃プラスチック類、金属くず、陶磁器くず、がれき類	廃PCB等又はPCB汚染物を処分するために処理したもので環境省令で定める基準に適合しないもの

　PCB廃棄物の処理については廃棄物処理法だけではなく、「ポリ塩化ビフェニル廃棄物の適正な処理の推進に関する特別措置法（PCB特別措置法）」に基づいて処理を行わなければなりません。PCB特別措置法については「第5章5－4」でまとめています。

　PCB廃棄物を処分するまでの大まかな流れは適正な保管、収集運搬、処分です。PCB廃棄物はその性質から処分方法が限定されているため、廃棄物を処理業者に引き渡すまでに時間がかかることがあります。処理委託できるまでは排出事業者自身が適切に保管しなければなりません。

　PCB廃棄物を保管する際は、ラベルを貼付するなどPCB廃棄物であることを明示すること、オイルパンやドラム缶の中に保管するなどの流出防止策をとること、保管容器内にパッキング材を詰めて固定するなど転倒等の防止策をとることが重要です。保管中にPCBが流出した場合、それが付着したものもPCB汚染物となってしまう場合があります。

　PCB汚染物の該当性判断については、令和元年10月11日「ポリ塩化ビフェニル汚染物等の該当性判断基準について（通知）」（環循規発第1910112号・環循施発第1910111号）により、従来まで曖昧となっていた基準が明確にされました。従来は、PCBが「染み込んだもの」「塗布されたもの」「付着したもの」などとされ、明確な定義がありませんでしたが、基本的には、処分によってPCB廃棄物ではないと判断する卒業基準を適用する考え方となります。

対象	従来の判断基準 （入口基準）	卒業基準	新たな判断基準 （該当しない基準）
廃油	ＰＣＢを含むもの 0.5mg/kg超（絶縁油のみ）	0.5mg/kg以下	同左
廃酸、廃アルカリ	ＰＣＢが 「染み込んだもの」 「塗布されたもの」 「付着したもの」 など、 明確な定義がなかった	0.03mg/kg以下	同左
廃プラスチック類		0.5mg/kg超のＰＣＢが含まれた油が付着していないこと	同左　※
金属くず			同左
陶磁器くず			同左
紙くず		検液中の濃度が0.003mg/L以下	同左　※
木くず、繊維くず			同左　※
コンクリートくず			同左
汚泥			同左　※
その他			同左

※ＰＣＢを含む油が自由液としては明らかに存在していない場合に限り、「低濃度ＰＣＢ含有廃棄物測定方法（第4版）令和元年10月環境省」による含有濃度0.5mg/kg以下

■ 図表4-29　代表的なPCB使用電子機器

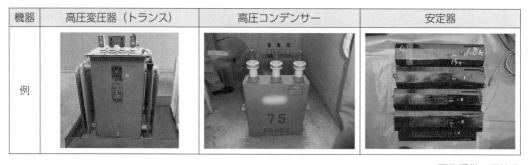

機器	高圧変圧器（トランス）	高圧コンデンサー	安定器
例			

※画像提供：環境省

　ＰＣＢ廃棄物の収集運搬においては廃棄物処理法の規定による他、環境省が示す「ＰＣＢ廃棄物収集・運搬ガイドライン」や「低濃度ＰＣＢ廃棄物収集・運搬ガイドライン」に準拠した収集運搬や収集運搬の委託を行います。

　ＰＣＢ廃棄物はその濃度によって処分方法等が限定されています。高濃度のＰＣＢ廃棄物は中間貯蔵・環境安全事業株式会社（ＪＥＳＣＯ）による処分のみが認められています。ＪＥＳＣＯの処分施設は全国に5カ所（北海道、東京、豊田、大阪、北九州）のみであり、処分を委託するには事前の登録が必要です。

■ 図表4－30　高濃度と低濃度のPCB廃棄物の違い

分類	高濃度PCB廃棄物	低濃度PCB廃棄物
PCB濃度	5,000mg/kg超	0.5超～5,000mg/kg （低濃度のうち微量は数10mg/kg程度）
処理方法	化学的に分解	焼却処理等
処理施設	JESCO	国の無害化処理認定施設又は PCB廃棄物の特別管理産業廃棄物処分業許可 を持つ処分業者

　令和元年12月20日に、PCBを含有する汚染物の処理体制の構築のため、環境大臣の無害化処理認定施設等の処理対象を拡大する関係法令等が改正されました。従来は高濃度PCB廃棄物に区分されていたPCB濃度0.5％～10％の可燃性の汚染物等について、無害化処理認定制度の対象となり低濃度PCB廃棄物に区分されます。これは、高濃度PCB廃棄物のJESCOでの処理期限が迫る中、期限内の処分完了が難しくなったことに対応するものです。新たに低濃度PCBに区分されることになった可燃性の汚染物等は、無害化認定施設での焼却実証実験の結果で適正処理が確認されています。

4-4　水銀廃棄物の分類

重要度
★★☆

　平成29年8月に、水銀の排出から人の健康と環境を保護することを目的とした「**水銀に関する水俣条約**」が発効された流れを受け、廃棄物に含まれる水銀の適正処理に関して、廃棄物処理法も改正されています。水俣条約では、将来的に水銀の使用を限りなく少なくすることを想定しています。すると、これまで回収・再利用されていた水銀のリサイクル市場が成立しないこととなり、水銀を含む廃棄物の適正処理が確実にされないことに対応するものです。

　平成28年4月1日に施行された改正では、**廃水銀等**が廃棄物処理法の特別管理産業廃棄物として規定されました。さらに、平成29年10月1日に施行された改正で、廃水銀等の処分基準が追加されたことに加え、水銀含有ばいじん等及び水銀使用製品産業廃棄物が新たに定義されたことで、水銀廃棄物の区分は、以下のようにまとめられます。

■ 図表4-31　水銀廃棄物の分類

区分	区分	定義
特別管理産業廃棄物	廃水銀等	①（水銀回収施設や水銀使用製品の製造施設などの）特定施設において生じた廃水銀又は廃水銀化合物 ②水銀若しくは水銀化合物が含まれている物（一般廃棄物を除く）又は水銀使用製品が産業廃棄物となったものから回収した廃水銀
	水銀汚染物 （従来からの 特別管理産業廃棄物）	①特定の施設で生じた鉱さい、ばいじん、汚泥及びそれらの処理物及び廃酸、廃アルカリの処理物で13号溶出試験にて水銀濃度0.005mg/L以上のもの ②特定の施設で生じた廃酸・廃アルカリで水銀濃度0.05mg/L以上のもの
（普通）産業廃棄物	水銀含有ばいじん等	①ばいじん、燃え殻、汚泥又は鉱さいのうち水銀を15mg/kg以上含有するもの ②廃酸、廃アルカリのうち水銀を15mg/L以上含有するもの ※特別管理産業廃棄物に該当するものは除く
	水銀使用製品産業廃棄物	①水銀使用製品が産業廃棄物となったもの ②①の一部の製品の組み込みを行った製品 ③①②のほか、水銀又は水銀化合物の使用に関する表示がされている水銀使用製品

　特別管理産業廃棄物である廃水銀等は、特別管理産業廃棄物として取り扱うことが必要であることに加えて、処理基準として、収集運搬する場合は密閉容器に入れて運搬すること、埋立処分をする場合は硫化・固型化してから埋立処分を行うことなどが定められています。

　従来からの特別管理産業廃棄物である水銀汚染物と、水銀含有ばいじん等のうち水銀を1,000mg/kg又は1,000mg/L以上含有するものは、セメント固化等の処理では水銀溶出を抑制できないおそれがあるため、処理の過程においてあらかじめ水銀を回収することが義務付けられています。

　水銀含有ばいじん等については、排出施設の限定はありません。その定義が水銀濃度によるところから、含有量分析を行わなければ判断ができませんが、工程から判断して水銀が含まれないことが明確であれば、測定する必要はありません。

水銀使用製品産業廃棄物は常に他の廃棄物と区分して取り扱う

4－5　水銀使用製品産業廃棄物の対応

水銀使用製品産業廃棄物は、特別管理産業廃棄物ではない普通の産業廃棄物に区分されますが、産業廃棄物の20種類が新たに追加となったものではありません。この点は、石綿含有産業廃棄物と同様の位置づけです。

現在使用されている蛍光灯（蛍光ランプ）には、ほぼすべて水銀が含有されており、多くの排出事業者が対応しなければなりません。水銀使用製品産業廃棄物の例を、下の表で紹介します。

■ 図表4－32　水銀使用製品産業廃棄物の例

番号	名称	処理の過程において あらかじめ水銀回収が必要	組み込み製品も対象
1	水銀電池	―	●
2	空気亜鉛電池	―	●
3	スイッチ及びリレー（水銀が目視で確認できるもの）	○	―
4	蛍光ランプ	―	―
5	ＨＩＤランプ（高輝度放電ランプ）	―	―
6	放電ランプ（蛍光ランプ及びＨＩＤランプを除く）	―	―
7	農薬	―	●
8	気圧計	○	●
9	湿度計	○	●
10	液柱形圧力計	○	●
11	弾性圧力計（ダイアフラム式のもの）	○	―
12	圧力伝送器（ダイアフラム式のもの）	○	―
13	真空計	○	―
14	ガラス製温度計	○	●
15	水銀充満圧力式温度計	○	―
16	水銀体温計	○	●
17	水銀式血圧計	○	●
18	温度定点セル	―	●
19	顔料	―	―
20	ボイラ（二流体サイクルに用いられるもの）	―	●

※上記は一部であり、詳細は環境省ウェブサイト水銀廃棄物関係を参照してください。
（http://www. env. go. jp/recycle/waste/mercury-disposal/）

組み込み製品も対象の欄に「●」とされている製品は、その水銀使用製品産業廃棄物が含まれる製品全体としても水銀使用製品産業廃棄物に該当すると考えます。例えば、水銀電池を含む電子機器が産業廃棄物となった場合、その電子機器全体として水銀使用製品産業廃棄物と判断されます。逆に、水銀を含む蛍光ランプが組込まれた自動販売機が産業廃棄物となった場合、その自動販売機

全体としては水銀使用製品産業廃棄物には該当しません。水銀使用製品産業廃棄物が割れて破損した場合にも、水銀使用製品産業廃棄物として扱うこととなります。

　なお、平成31年３月施行の改正によって、放電管、水銀圧入法測定装置などの６製品が水銀使用製品産業廃棄物に追加されています。

　水銀使用製品産業廃棄物を排出し、その処理を委託する場合、水銀使用製品産業廃棄物を取り扱うことができる者に委託する必要がありますが、以下の２点から、選定には注意が必要です。

①以前は可能だった処理受託ができなくなる処理業者がある

　平成29年10月に施行された法改正における、最大のポイントは、委託できる処分業者が限定されたことにあります。例えば、破砕等を行うにあたって、水銀が飛散しないような措置をとった上で行うことが必要です。廃蛍光灯であれば、改正以前から、ガラス陶磁器くず・金属くず・廃プラスチック類等の混合物であるという位置づけは変更がありませんが、水銀使用製品産業廃棄物についての処理基準が定められました。これまで処分委託していた処理業者は、改正後には同様の処理ができないという状況が生まれています。

②水銀使用製品産業廃棄物の取扱いの可否が許可証に明記されない可能性がある

　法改正以前から、水銀使用製品産業廃棄物に当たるものを取り扱っている場合、改正後も処理基準を遵守することによって、許可証の変更がなくとも委託を継続することは可能です。しかし、処分に関しては、新たな処分基準を満たしていない施設の場合、これまでできていた処理ができなくなる可能性があります。改正に合わせて、許可証に水銀使用製品産業廃棄物を取り扱うことができるか明記することとなりましたが、それぞれの処理業許可証の更新段階で変更されるものとされています。多くの都道府県又は政令市では、許可の更新を待たず、取扱いを明記する変更に対応していますが、あくまでも任意です。つまり、許可証を見ただけでは、「水銀使用製品産業廃棄物」の委託が可能か判断不能です。

　排出事業者は、処理が可能かどうかを判断する必要があります。その確認方法については、何も定められておらず、口頭でも可能とされていますが、書面を取り交わすことが望ましいです。

■ 図表４−33　水銀使用製品産業廃棄物を処理委託する際の対応

区分	対応
保管時	・仕切りや表示等によって、混合を防止する ・掲示板の種類欄に「水銀使用製品産業廃棄物」と追記する
許可証の確認	・処理業許可証に「水銀使用製品産業廃棄物」が含まれること
契約書の記載	・処理委託契約書の廃棄物の種類に「水銀使用製品産業廃棄物」を含むこと
マニフェストの交付	・種類欄に「水銀使用製品産業廃棄物」が含まれる旨を明記し、数量を記載する

　また、水銀使用製品産業廃棄物を排出し、処理業者にその処理を委託する場合、保管、契約、マニフェストの交付の各段階においても、「水銀使用製品産業廃棄物」であることを明確にして、**他の廃棄物とは区分して取り扱う必要があります。**

第 5 章

廃棄物処理法で扱う
廃棄物以外の規定と
廃棄物処理法以外の規制や法令

廃棄物処理法で扱う廃棄物以外の規定

　平成29年の廃棄物処理法で、いわゆる雑品スクラップの保管又は届出の義務が創設されました。雑品スクラップとは、資源として売却できる価値のある使用済みの電子機器類、すなわち廃棄物ではないものを指します。現時点では、不適正な処理事例を摘発するというよりも、雑品スクラップの処理フローの全体像を把握することが目的である要素が強いと言えますが、「廃棄物処理法」が、初めて廃棄物以外の有価物に関する取扱いについての規制を創設したという点で、非常に意味のあるものと考えられます。

排出事業者が雑品スクラップを保管する場合は届出の対象外

1－1　届出の対象となる事業者とは

重要度
★★☆

　届出の対象となる事業者について、①雑品スクラップの定義、②届出の対象となる事業者とは、の順に確認していきます。

①雑品スクラップの定義

　いわゆる雑品スクラップとは、法第17条の2第1項では「有害使用済機器」とされ、「使用を終了し、収集された機器（廃棄物を除く。）のうち、その一部が原材料として相当程度の価値を有し、かつ、適正でない保管又は処分が行われた場合に人の健康又は生活環境に係る被害を生ずるおそれがあるもの」と定義されています。施行令において、対象となる機器が列挙されており、家電リサイクル法の対象となる4品目（エアコン、冷蔵庫・冷凍庫、洗濯機・乾燥機、テレビ）と、小型家電リサイクル法の対象となる28品目の、合計32品目が指定されています。

②届出の対象となる事業者とは

　都道府県又は政令市に届出をする義務がある者は、「有害使用済機器の保管又は処分を業として行おうとする者」と定義されています。したがって、対象となる使用済機器の保管をしている排出事業者は、届出の義務はありません。

　また、産業廃棄物の処理業許可を有する施設で行う保管又は処分や、小型家電リサイクル法に基づく認定を受けた施設での保管など、他の関係法令で許可を受けている場合には、この届出義務の適用対象外とされています。加えて、事業場の敷地面積が100㎡未満など、小規模な場合も対象外となります。

火災防止の観点での保管基準も加えられた

1－2　届出の適用対象となる事業者の保管基準と処分方法

重要度
★★☆

　届出の適用対象となる事業者は、廃棄物処理法の定める産業廃棄物の保管基準と同等の基準を遵守することに加えて、特有の保管基準を守らなければなりません。また、再生又は処分を行う場合の方法も環境省告示によって限定されています。

■ 図表5－1　有害使用済機器の保管基準と処分方法

区分	主な内容
保管基準	・最大の保管高さを「5m」とし、上限を設定した。 ・保管面積の単位を200㎡ごととし、その離隔を2m以上とること のように、特に火災とその延焼防止の観点から、特有の基準が創設されている。
処分方法	鉄等の金属類やガラス類を分離・回収するなど、資源として再生する方法に加えて、 ・水銀等を安定化する、回収する ・砒素等の有害物質を安定化する、回収する ・フロン類を回収する のように、機器に含まれる有害物質を適正に処理する方法が示されている。 （環境省告示第10号、平成30年3月12日）

　排出事業者が保管する有害使用済機器については届出の対象とはならないことから、排出事業者にとっての実務上の影響は少ないと言えます。では、有価物の売却先であることが想定される、届出の適用対象となる施設への引渡しにおいて、排出事業者として確認を行う必要はあるでしょうか。

　あくまでも有価物が対象である以上、いわゆる廃棄物の排出事業者責任を求める規定の対象とはなりません。その意味で、有価物の売却先となる施設に対して、排出側が届出の有無、保管基準の遵守をチェックする義務はないと言えます。しかし、仮に不適正処理につながった場合には排出段階から廃棄物であったと判断されるリスクはあるため、廃棄物処理法の主旨から、排出側がチェックすることを独自に行うことも考えられます。この点は、改正前後で変わらない位置づけであると言えます。

廃棄物の規制は法律だけではない

　都道府県又は政令市は廃棄物処理法の趣旨に反しない範囲で条例や指導要綱など（以下、条例等という。）を定め、規制や指導を行うことができます。そのため、廃棄物処理法の定めより厳しい基準や廃棄物処理法にはない義務を定めていることがあります。中には罰則を定めている条例等もあるため、排出事業者としては自社の事業エリア、処理委託先の都道府県又は政令市について条例を把握しておかなければなりません。

　ここでは都道府県又は政令市が定める条例の中でも特に排出事業者にとって実務的に影響の大きな産業廃棄物に関する条例について整理します。

排出事業者の自ら保管について把握するための条例

2−1　排出事業者の自ら保管の届出対象拡大

重要度
★☆☆

　廃棄物処理法では排出事業場外の保管について「第4章1−2」でまとめたように条件に該当する排出事業者に届出を義務付けています。

　都道府県等の中にはこの規制について、**条例により上乗せや裾下げ、横出しをすることで対象を拡大しているところがあります**。廃棄物処理法での規制では、「対象となる産業廃棄物」と「保管施設」の2点に条件を付けて、規制をかけています。そのため、都道府県等も対象の拡大方法としては大きくこの2点について拡大しています。

■ 図表5−2　対象の拡大

区分	廃棄物処理法の規制	条例の規制の一例
対象となる 産業廃棄物	建設工事に伴って排出された 産業廃棄物	・種類を限定しない ・廃タイヤ100本以上　等
保管施設	排出事業場外の300㎡以上の 保管施設	・屋外での保管 ・排出事業場外で300㎡未満の保管施設　等

　図表5−2の「対象となる産業廃棄物」のように、法律で規制されている対象以外のものにもその規制を拡げるような条例等を横出しと言い、「保管施設」のように法律で規制している施設の基準などをより小規模な施設まで対象とする条例等を裾下げと言います。

産業廃棄物の流通把握や持ち込み規制のための条例

2－2　廃棄物の地域外搬入等に関する規制　事前協議制度

重要度
★★☆

　廃棄物処理法には産業廃棄物の地域間の移動について、制限する規制はありません。しかし、都道府県又は政令市の中には条例等によって、**地域外からの産業廃棄物の搬入に対して事前の協議や届出を定めている**ことがあります。そういった条例が定められている場合、地域外からその地域内の処分業者へ産業廃棄物を委託する際に、事前に届出書の提出が必要であり、厳しければ協議を行い、都道府県知事等に認められなければ委託ができない場合もあります。

　また、地域外からの搬入や地域外への搬出について監視・指導を効率化・迅速化するために**事前協議制度**等を定めている（提出をすれば原則受理される）ところもあれば、過去に不法投棄事件などがあった自治体では、協議の制度を定めた上で実質は地域外からの搬入を認めていないところもあるなど、似た規制であってもその厳しさの程度は都道府県又は政令市によって異なります。

　地域外搬入等の規制方法は大きく3つの項目の組み合わせで考えられます。それは規制の対象が搬入か搬出か、対象者が排出事業者か処分業者か、規制の内容が届出と協議か届出だけか、の3つです。

■ 図表 5 － 3　地域外搬入等に関する規制の組合せ

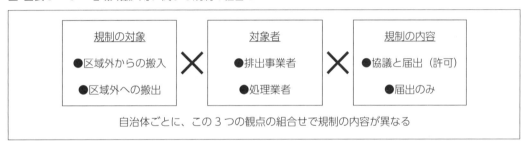

　組み合わせとしては地域外から搬入する排出事業者へ協議等を求めることがほとんどですが、受け入れる処理業者側への義務や、地域外へ委託する排出事業者への義務を定めている自治体もあります。中には罰則を定めている場合もあります。

　産業廃棄物の処理を都道府県又は政令市の区域を越えて委託する場合には、排出場所の自治体に加えて委託先の自治体の条例等についても確認しなければなりません。

埋立処分や単純焼却される廃棄物について課される税金

2－3　産業廃棄物税

　産業廃棄物税とは、一般的に**埋立処分や単純焼却される産業廃棄物を対象に都道府県等が独自の条例などで課す税金**のことです。一般的に「**産廃税**」と略称で呼ばれます。

　産廃税は都道府県等が独自に定めるものなので、導入している地域としていない地域があり、導入している地域でも課税の方式などに違いがあります。

　産廃税が導入されるようになったきっかけは、平成12年4月1日に施行された「地方分権一括法」です。この法律によって地方自治体の独自課税制度の要件が緩和されました。これにより法律に定めの無い税金を自治体ごとに新たに課すことが容易となりました。

　産廃税を導入している都道府県等ではそれを財源に不法投棄等の不適正処理に対する監視等の行政事務や排出抑制、再生利用等の減量化促進策、処分施設の整備促進など廃棄物に係る様々な施策に充てられています。

　産廃税の課税方式は大きく4つに分類することができます。

①排出事業者が納税義務者となる方式

　二次先で埋立処分が行われる中間処理施設や埋立処分場への搬入に対して課税する方式です。この方式をとっている都道府県等で産業廃棄物の処分を行う場合、排出事業者が納税義務者です。

②埋立処分を委託する業者が納税義務者となる方式

　埋立処分場への搬入に対して課税する方式です。この方式をとっている都道府県等で産業廃棄物の埋立処分を委託する場合、排出事業者が埋立処分業者へ直接委託する場合は排出事業者が、中間処理後の残さを埋立処分する場合は中間処理業者が納税義務者です。

③最終処分業者が納税義務者となる方式

　埋立処分場で行われる埋立処分に対して課税する方式です。最終処分業者が納税義務者となります。

④最終処分と焼却処理を委託する業者が支払う方式

　焼却施設と埋立処分施設への搬入に対して課税する方式です。焼却施設や埋立処分場へ搬入する排出事業者や中間処理業者が納税義務者です。

　上記4つのパターンの課税方式でも、納税義務者が自ら申告納入するよう求める自治体もあれば、処分業者側が処理費等に上乗せする形で徴収し、代わりに納入をする自治体などもあります。そのため、処分委託先に産廃税に関する条例等が無いかということと、定めがあった場合にはその納税方法についても確認が必要です。

法令では努力義務でも条例で義務化されている場合がある

2－4　施設確認の義務化

重要度
★★☆

　廃棄物処理法では第12条第 7 項において処理状況の確認が努力義務として規定されていますが、自治体には条例等によって処理を委託する前や定期的に委託先の施設を確認することを義務として定めている場合があります。

　また、**施設確認**を義務付けている自治体によってもその基準は異なります。排出事業者が必ず現地を見に行くこと、その施設確認の記録の保存まで義務付けているところから、その施設を確認した者又は委託先からの電話等での聴取でもよいとしているところもあります。

■ 図表 5 － 4　施設確認を義務付ける条例の例と確認すべきポイント

【事業者による実地の確認を義務付ける静岡県の例】

静岡県産業廃棄物の適正な処理に関する条例第10条第 1 項（一部抜粋）
事業者（略）は、あらかじめ、規則で定めるところにより、当該委託に係る運搬又は処分が行われる施設の状況その他の規則で定める事項を実地に確認しなければならない。

【代理人を認める北海道の例】

北海道循環型社会形成の推進に関する条例第32条第 1 項（一部抜粋）
事業者は、（略）毎年 1 回以上定期的に、規則で定めるところにより、当該委託に係る処分の実施の状況その他の規則で定める事項を確認し、その結果を記録しなければならない。
北海道循環型社会形成の推進に関する条例施行規則第 8 条（一部抜粋）
条例第32条第 1 項の規定による確認は、（略）事業者自ら又は事業者の代理人（略）が実地に調査する方法により行うものとする。（略）

【施設確認の条例等の確認すべきポイント】
　・確認方法（直接か聴取が認められるか等）
　・確認の頻度（委託前だけか定期的か等）
　・実施記録等の保存義務の有無

　条例等による施設確認は、義務の有無と合わせて、図表 5 － 4 の確認すべきポイントについても把握しましょう。

　ただし、廃棄物処理法でも努力義務とは言え、処理状況の確認が定められているように、委託予定又は実際に委託をしている業者の施設を直接確認することは、その処理業者の特性や遵法性を把握するために非常に有効と言えます。条例等による義務の有無を確認することは重要ですが、義務が無い都道府県等であっても施設確認を実施することが望ましいと言えます。

COLUMN.25 | 施設「見学」は無駄！施設確認で見るべきポイント

　施設確認は、何の準備も無く施設を見せてもらうだけではただの施設「見学」となってしまいます。丁寧に説明をする処理業者もいますが、それでは排出事業者として、管理担当者として施設確認をする意味がありません。施設確認を行う際は、少なくとも次の3つのポイントは押さえるようにしましょう。

①チェックシートとカメラは必ず持参する

　施設確認へ行く際は、事前にチェックすべき項目や基準を整理しておきましょう。そのためにはチェックシートの使用が有効です。**施設確認チェックシート**のひな形は様々な様式が公開されています。また、当日はカメラを持参し、施設確認の内容を社内で共有できるよう画像として保存します。

②オーバーフローのおそれがないかを確認する

　オーバーフローとは実際の処理能力以上に廃棄物を受け入れてしまっている状態です。COLUMN.2で紹介したように、一般的な廃棄物処理業のビジネスモデルでは、経営の厳しい処理業者ほどオーバーフローになりやすい傾向があります。簡易なオーバーフローの確認方法は、廃棄物の保管量と処理能力、1日の搬入量について、処理業者からの聴取と自身の目の両方から確認し、比較することです。

③処理後の残さの状態を確認する

　中間処理業者の質は残さの質にあると言えます。中間処理が不十分だと、二次委託先で受け入れられない、再生資源として売却できないなどのトラブルになります。

排出量の多い事業者へ排出抑制、再資源化を促すための条例

２－５　多量排出事業者の対象拡大

重要度
★☆☆

　廃棄物処理法で定められた多量排出事業者については「第 1 章 4 － 3 」にまとめています。多量排出事業者の条件は前年度の産業廃棄物の発生量が1,000 t 以上（特別管理産業廃棄物は50 t 以上）である事業場を設置している事業者と定められています。

　自治体は条例等によって対象を拡大し、減量等の処理計画の提出を求めている場合があります。その際の拡大の方法としては、施行令で定められた基準である1,000 t 以上という基準を、単に500 t 以上というように下げることで拡大している場合もあれば、「製造業に属する事業所で従業員の数が300人以上のもの」などのように従業員規模や企業の資本金など、排出量とは別の観点で対象を拡大しているところもあります。

　実務的にどのような対応が必要になるかは、条例の定めごとに違いがあります。条例違反に対する罰則の有無や程度、計画及び報告提出の必要性など、個別の条例ごとに確認する必要があります。

　例えば、神奈川県と神奈川県内の政令市は協働して「廃棄物自主管理事業」を実施しています。これは、廃棄物処理法によって多量排出事業者に産業廃棄物処理計画の作成等が義務付けられた平成13年度より前の平成 8 年度から開始されています。排出事業者による廃棄物の発生抑制、再生利用等の自主的な取組みを促進する多量排出事業者制度の主旨を、法令に先駆けて実施していたものです。

　神奈川県内における「廃棄物自主管理事業」の対象は、前年度の産業廃棄物の発生量が800 t 以上（特別管理産業廃棄物は40 t 以上）の事業場を設置している事業者、及び任意に参加する事業者としており、法定の多量排出事業者の対象より広いものです。

環境関連法令の全体像

公害問題の裏には廃棄物の不適切な処理があった

3－1　環境問題と廃棄物

　日本の環境対策は、公害対策の歴史とも言われます。明治24年栃木県で発生した**足尾銅山鉱毒事件**は公害問題の始まりと言われ、その後高度経済成長期の裏側で、昭和25年〜40年ごろには富山県の**イタイイタイ病**、熊本県の**水俣病**、三重県の**四日市ぜんそく**、新潟県の**新潟水俣病**の**四大公害病**が問題となりました。

■ 図表 5－5　過去の公害問題の概要

年代	公害	原因物質	公害の種類
明治24年頃	足尾銅山鉱毒事件	銅の採掘、精製の際の鉱さい	土壌汚染
大正11年頃	イタイイタイ病	鉱業所からの排水に含まれるカドミウム	水質汚濁
昭和31年	水俣病	工場排水に含まれるメチル水銀化合物	水質汚濁
昭和35年頃	四日市ぜんそく	石油化学コンビナートからの排煙に含まれる硫黄酸化物	大気汚染
昭和40年	新潟水俣病	工場排水に含まれるメチル水銀化合物	水質汚濁

　公害は産業活動の副産物によって引き起こされます。足尾銅山鉱毒事件や四大公害病は義務教育の中でも教えられる有名な公害問題ですが、多くの人は「過去に発生した環境問題」として認識されているかもしれません。

　当時は、現在ほど法整備されておらず、これらの物質の危険性も知られていませんでした。過去の公害問題から、**産業から排出される副産物には、法の規制が無かったから、知らなかったからでは済まされない社会問題に発展するリスクがある**ということが分かります。

　現在は廃棄物処理法をはじめ、多くの環境関連法令によって様々な厳しい規制が設けられていますが、一方で新しい製品、今までになかった物質や素材がどんどん開発されています。中には、現在の法整備では規制の対象となっていないものもあるかもしれません。

　日本の環境対策は公害対策の歴史と言われますが、企業もまた、これまでの公害問題を教訓に、現在の法規制を知り、自身の排出する廃棄物に関心を持って、必要であれば法規制以上の対策を行うことが求められています。

すべての環境関連法令の根っことなる法律

3 － 2 　環境基本法

　環境基本法の前身は昭和42年 8 月に制定された**公害対策基本法**です。その後、昭和45年の「公害国会」以降、様々な公害対策関連の法令が制定されました。そして、変化する環境問題へ対応するため、公害対策だけでなく環境保全対策まで求められるようになりました。このような背景から、平成 5 年11月に公害対策基本法から、環境基本法へとかわりました。

　環境基本法では、環境保全についての基本理念を定め、それに対する国、地方公共団体、事業者及び国民の責務を明らかにし、環境保全に関する施策を総合的かつ計画的に推進することで、現在及び将来の国民の健康で文化的な生活の確保と人類の福祉に貢献することを目的としています（環境基本法第 1 条）。

　環境基本法では環境保全の基本理念について定め、国などのそれぞれの主体の責務を明らかにしています。

■ 図表 5 － 6 　環境保全の基本理念（環境基本法第 3 条～ 5 条）

①現在及び将来の世代の人間が環境の恵沢を享受し、将来に継承する ②全ての者の公平な役割分担の下、環境への負担の少ない持続的発展が可能な社会を構築する ③国際的協調により積極的な地球環境保全を推進する

■ 図表 5 － 7 　環境基本法の定めるそれぞれの主体の責務

主体	責務
国	環境の保全に関する基本的で総合的な施策を策定し、実施する責務を有する
地方公共団体	その地方公共団体の区域の自然的社会的条件に応じた施策を策定し、実施する責務を有する
事業者	①事業活動に伴って生ずるばい煙、汚水、廃棄物等の処理その他の公害を防止し、自然環境を適正に保全するために必要な措置を講ずる責務を有する ②物の製造等を行う場合、その製品などが廃棄物となった場合に適正な処理が図られるように必要な措置を講ずる責務を有する ③物の製造等を行う場合、その製品などが使用され又は廃棄されることによる環境への負荷の低減に資するように努めるとともに、その事業活動において、再生資源等の環境への負荷低減に資する原材料などを利用するように努めなければならない。 ④国又は地方公共団体が実施する環境の保全に関する施策に協力する責務を有する
国民	・その日常生活に伴う環境への負荷の低減に努めなければならない。 ・国又は地方公共団体が実施する環境の保全に関する施策に協力する責務を有する。

　国はこの責務に基づき、理念を行動に移すための目標となる**環境基本計画**を策定しています。

　また、事業者の責任として、大きく 4 つの責任が掲げられていますが、①は廃棄物処理法の排出事業者責任にも通じる考え方と言えます。一方で②については製造等を行う事業者に対して、製造した製品が廃棄等された場合の環境への影響まで考慮して製造等を行うことを求めています。これは**拡大生産者責任**に基づくものといえます。

環境関連法令の幹とも言える3Rの優先順位を定めた法律

3-3　循環型社会形成推進基本法

循環型社会形成推進基本法は、平成12年6月にできました。この法律の中で、「**循環型社会**」とは廃棄物等の発生抑制、循環資源の循環的な利用及び適正な処分が確保されることによって、天然資源の消費を抑制し、環境への負荷ができる限り低減される社会、と定義しています。

■ 図表5-8　循環型社会形成推進基本法が定める処理の優先順位イメージ

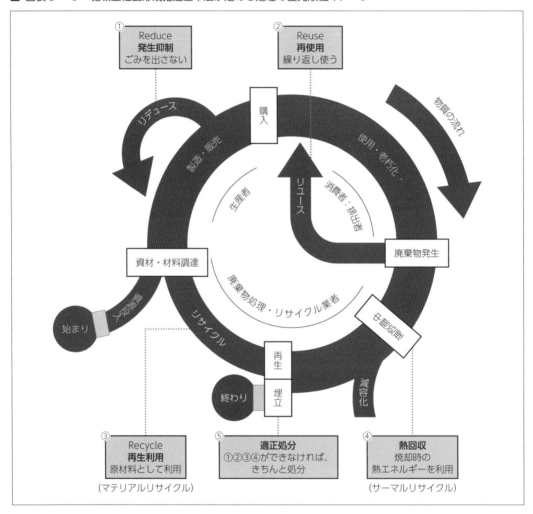

近年では、「**リデュース、リユース、リサイクル（3R）**」という言葉は広く普及していますが、この言葉は単に3つの言葉を並べているのではなく、循環型社会形成推進基本法で定められた優先順位に従った順番に並んでいます。そして、法律ではその続きとして、どうしても**リサイクル（再資源化）**できないものについて、焼却処分時の**熱回収（サーマルリサイクル）**をすること、そして最終的には適正処理がされることというところまで優先順位が定められています。また、再資源化（リサイクル）をサーマルリサイクルと対比して**マテリアルリサイクル**と呼ぶこともあります。

製造の上流工程に重点を置き、３Rの促進を求めた法律

３−４　資源有効利用促進法

資源有効利用促進法は正式名称を「資源の有効な利用の促進に関する法律」と言い、平成12年6月に公布、平成13年4月に施行されました。この法律では、10業種69品目について、7つに分類しそれぞれに対して、廃棄物の発生抑制（リデュース）や部品等の再使用（リユース）、使用済み製品の再資源化（リサイクル）を求めています。

■　図表５−９　資源有効利用促進法が定める7つの分類

分類	対象となる業種や品目	求められる取組み
①特定省資源業種	パルプ製造業及び紙製造業、無機化学工業製品製造業及び有機化学工業製品製造業、製鉄業及び製鋼・製鋼圧延業、銅第一次製錬・精製業、自動車製造業	副産物の発生抑制が求められる業種
②特定再利用業種	紙製造業、ガラス容器製造業、建設業、硬質塩化ビニル製の管・管継手の製造業、複写機製造業	再生資源・再生部品の利用が求められる業種
③指定省資源化製品	自動車、家電製品6品目、パソコン、ぱちんこ遊技機、回胴式遊技機、金属製家具4品目、ガス・石油機器5品目	原材料使用の合理化と製品の長寿命化が求められる製品
④指定再利用促進製品	自動車、家電製品6品目、ニカド電池使用機器15品目、ぱちんこ遊技機、回胴式遊技機、複写機、金属製家具4品目、ガス・石油機器5品目、浴室ユニット、システムキッチン、小形二次電池使用機器の追加16品目	リユース・リサイクルが容易な設計が求められる製品
⑤指定表示製品	スチール製の缶、アルミニウム製の缶、ペットボトル、小形二次電池2品目、塩化ビニル製建設資材5品目、紙製容器包装、プラスチック製容器包装、小形二次電池3品目	分別回収促進のための表示をすることが求められる製品
⑥指定再資源化製品	パソコン、小形二次電池	製造事業者等による自主回収や再資源化が求められる製品
⑦指定副産物	電気業の石炭灰、建設業の土砂、コンクリート、アスファルト・コンクリートの塊、木材	再生資源としての利用促進が求められる副産物

個別のリサイクル関連法令

廃棄物処理法の定める基準が不要となるか正しく把握する

4-1　関連法令と廃棄物処理法との関係

　廃棄物の処理に関しては、廃棄物処理法がその基本的な処理基準や委託基準について定めています。一方で各種リサイクル法など、排出抑制や再資源化のために、より個別的な規制を定めている法律もあります。各種のリサイクル法は個別の対象に対して再資源化等を定めた法律であるため、その規制は様々です。

　廃棄物処理法の規制と関連法令の規制とでは、その規制の対象や範囲が重なる部分が生じます。そのような場合、互いの条文の中でどちらの規制が優先されるかが明記されていれば、その内容に従わなければなりません。そういった明記が無い場合は、**より具体的に対象や規制内容が定められている法律に従います**。

■ 図表 5-10　関連法令と廃棄物処理法の規制との関係

法律名	産業廃棄物処理業の許可なくできる行為・できる者 その際の基準について				産業廃棄物処理業者 （許可業者）ができる行為
	収集運搬	処分（再生）	委託契約書 締結義務	管理票等	
家電 リサイクル法	小売業者、 指定法人、 指定法人委託者	製造・輸入業者、 指定法人	不要	家電リサイクル券 を使用	産業廃棄物である家電を扱うことは可能だが、処分に当たりリサイクル率などの基準を満たす必要がある。 ※一般廃棄物収集運搬業許可を受けている場合にも、対象家電の委託を受けた収集運搬が可能である。
容器包装 リサイクル法	対象は一般廃棄物である。 そのため、産業廃棄物処理業許可に関する特例規定はない。				
建設 リサイクル法	対象は産業廃棄物である。 しかし、産業廃棄物処理業許可に関する特例規定はない。				通常の産業廃棄物処理と 同様の基準が適用される。
食品 リサイクル法	対象には、一般廃棄物も産業廃棄物も含まれる。 しかし、産業廃棄物処理業許可に関する特例規定はない。				通常の産業廃棄物処理と 同様の基準が適用される。
小型家電 リサイクル法	認定事業者、 認定事業者の委託業者		必要	必要	必要な産業廃棄物処理業許可を有していれば、産業廃棄物である小型家電は扱える。

4種類の家電の再資源化フローを構築する法律

4-2　家電リサイクル法

重要度
★★☆

　家電リサイクル法とは正式名称を「特定家庭用機器再商品化法」と言い、平成10年6月に制定されました。この法律は特定の対象家電について有用な部分や材料をリサイクルし、廃棄物を減量するとともに、資源の有効利用を推進することを目的とした法律です。

　一般廃棄物は基本的に市町村が回収・処理を行いますが、廃家電製品は多くが大型で固く、市町村の粗大ごみ処理施設での破砕が困難なものがほとんどのため埋立てられているという状況でした。廃家電には銅やアルミニウムなどの有用な資源も多く使用されており、循環型社会の実現のためには家電製品のリサイクルの実施を確保することが求められています。

■ 図表5-11　家電リサイクル法の対象製品

種類	テレビ（ブラウン管式、液晶式、プラズマ式）	エアコン	冷蔵庫・冷凍庫	洗濯機・衣類乾燥機
イメージ				

■ 図表5-12　排出者等の主な役割

主体	役割
排出者	・適切な排出 ・リサイクル費用の負担
小売業者	・排出者からの引取りと製造業者等への引渡し
製造業者	・引取りとリサイクル（再商品化等）

　排出者は対象機器を廃棄する場合、郵便局又はその機器の販売店でリサイクル費用を支払い、リサイクル券を運用します。廃家電の処理については、販売店等に回収を委託するか、指定の場所まで自ら持ち込んで引渡します。回収から委託する場合には別途運搬費が発生する場合もあります。

　家電リサイクル法の対象機器は、事務所や事業所に設置されている場合産業廃棄物に該当しますが、家電リサイクル法に従って処理することを原則とします。

　産業廃棄物である家電リサイクル法対象製品を、家電リサイクル法における処理フローで処理する場合には、家電リサイクル券を運用することをもって、産業廃棄物処理委託契約書の締結、マニフェストの交付は不要となります。

家電リサイクル法第50条第3項
廃棄物処理法第12条第5項、第12条の3第1項及び第12条の5第1項の規定は、事業者が、その特定家庭用機器産業廃棄物を小売業者、第23条第1項の認定を受けた製造業者等又は指定法人に引き渡す場合における当該引渡しに係る当該特定家庭用機器産業廃棄物の収集若しくは運搬又は処分の委託（産業廃棄物収集運搬業者又は産業廃棄物処分業者に対するものを除く。）については、適用しない。

　家電リサイクル法では、廃棄物処理法の特例が第50条に定められています。産業廃棄物を家電リサイクル法における処理フローで処理する場合、廃棄物処理法第12条第5項（処理を委託する場合には必要な許可を持つ者に委託しなければならない）の適用は受けません。第12条第5項に基づき処理委託する場合に、書面にて契約する義務が定められていますので、産業廃棄物処理委託契約書の締結も不要となります。また、第12条の3第1項は、産業廃棄物管理票の交付義務を、第12条の5第1項は電子マニフェストの登録義務をそれぞれ指していますが、同様に適用を受けないこととされています。

　ただし、産業廃棄物である廃家電について、指定引取所までの運搬を産業廃棄物収集運搬業者に委託する場合には、その運搬については廃棄物処理法に基づく運搬に該当し、マニフェストの交付等が必要になることに注意が必要です。

容器包装の再資源化を容器包装利用事業者に求める法律

4－3　容器包装リサイクル法

重要度
★☆☆

容器包装リサイクル法は正式名称を「容器包装に係る分別収集及び再商品化の促進等に関する法律」と言い、**「容リ法」**とも略称されます。この法律は家庭から排出される廃棄物の重量の約2〜3割、容積で約6割を占める容器包装廃棄物について、リサイクル等を促進することで、減量及び再生資源の有効な利用を図るために、平成7年6月に創設されました。

この法律の対象となっている**容器包装廃棄物**とは、次のように規定されています。

> **容器包装リサイクル法第2条第4項（一部抜粋）**
> この法律において「容器包装廃棄物」とは、容器包装が一般廃棄物（略）となったものをいう。

容器包装リサイクル法は、一般廃棄物として排出される容器包装廃棄物の排出抑制や再商品化のために、市町村、消費者、事業者の役割を定めています。産業廃棄物は対象としていません。

■ 図表5－13　それぞれの主体の役割

主体	役割
市町村	区域内の容器包装廃棄物の分別収集
消費者と事業者	・繰り返して使用することが可能な容器包装の使用 ・容器包装の過剰な使用の抑制 ・リサイクルされた物の使用 ・分別排出

また、容器包装のうち、主務省令で定めるものを特定容器、特定包装と定めています。この**特定容器包装を利用して中身を販売する事業者等は特定容器利用事業者として、その事業活動で利用する容器包装について再商品化が義務付けられています**（容器包装リサイクル法第11条）。

■ 図表5－14　特定容器包装の種類

種類		義務
金属	アルミ、スチール	特定事業者に再商品化義務なし （市町村に分別責任）
紙	紙パック、段ボール	
	その他の紙	特定事業者に再商品化義務あり
ガラス	無色、茶色、その他の色	
プラスチック	ＰＥＴボトル、 その他プラスチック	

> ・「容器」「包装」を利用して中身を販売する事業者
> ・「容器」を製造する事業者
> ・「容器」及び「容器」「包装」が付いた商品を輸入して販売する事業者
> ※上記のうち、小規模事業者その他容器包装リサイクル法施行令第 2 条で定める事業者は除く

　特定事業者は、特定容器包装の再商品化が義務付けられており、その再商品化の方法は自ら行うか、指定法人である公益財団法人日本容器包装リサイクル協会に委託します（容器包装リサイクル法第14条）。この場合、協会への**再商品化実施委託料**などの費用負担をしなければなりません。

■ 図表 5 −16　容器包装リサイクル法の全体像

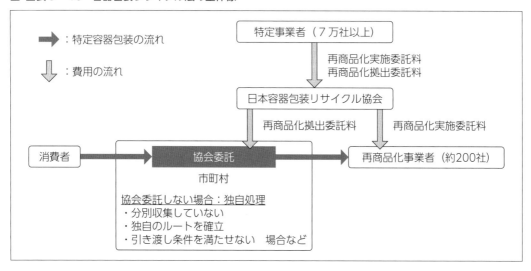

　特定事業者に義務付けられる再商品化実施委託料については特定容器包装の種類ごとに毎年単価が設定され、公益財団法人日本容器包装リサイクル協会から公開されます。

■ 図表 5 −17　令和 2 、 3 年度の再商品化実施委託単価

種類	令和 3 年度	令和 2 年度
ガラスびん（無色）	4,600円/トン	4,300円/トン
ガラスびん（茶色）	6,400円/トン	5,900円/トン
ガラスびん（その他の色）	17,500円/トン	13,700円/トン
ＰＥＴボトル	4,500円/トン	3,200円/トン
紙製容器包装	16,000円/トン	13,000円/トン
プラスチック製容器包装	51,000円/トン	49,000円/トン

　近年、海洋プラスチックごみ問題について、地球規模での環境汚染が国際的にも懸念されています。海洋に流出したプラスチックごみは、海洋生物が直接誤飲するなどの生態系を含めた海洋環境への被害を引き起こしています。また、サイズが5㎜以下の微細なプラスチックごみ（マイクロプラスチック）は、海洋中の有害物質の生物濃縮を進めてしまうことも指摘されています。マイクロプラスチックは、マイクロビーズのように流出の段階からマイクロプラスチックであるもののほか、海洋中のプラスチックごみが粉砕される場合も想定されます。

　2019年6月にG20大阪サミットで採択された「大阪首脳宣言」において、海洋プラスチックごみによる追加的な汚染を2050年までにゼロにすることを目指すとした「大阪ブルー・オーシャン・ビジョン」が盛り込まれました。また、2019年に策定された「プラスチック資源循環戦略」では、循環型社会形成推進基本法に規定する基本原則を踏まえ、以下のようなマイルストーンを設定しています。

■ 図表5−18　プラスチック資源循環戦略のマイルストーン

区分	マイルストーン
リデュース	・2030年までにワンウェイのプラスチック（容器包装等）をこれまでの努力も含め累積で25％排出抑制
リユース・リサイクル	・2025年までにプラスチック製容器包装・製品をリユース・リサイクル可能なデザインに。 ・2030年までに容器包装の6割をリユース・リサイクル。 ・2035年までに使用済プラスチックをリユース・リサイクル等により100％有効利用。
再生利用・バイオプラスチック	・2030年までにプラスチックの再生利用を倍増。 ・2030年までにバイオマスプラスチックを約200万トン導入。

　この取組みの一環として、2020年7月1日から、容器包装リサイクル法の省令「小売業に属する事業を行う者の容器包装の使用の合理化による容器包装廃棄物の排出の抑制の促進に関する判断の基準となるべき事項を定める省令」が改正され、プラスチック製のレジ袋有料化が義務化されています。なお、繰り返し使用を想定した厚手のもの、海洋生分解性プラスチック配合率100％のもの、バイオマス素材の配合率が25％以上のものは対象外です。このレジ袋有料化の最大の目的は、消費者のライフスタイルの変革にあります。

建設系廃棄物の再資源化を促進させる法律

4－4　建設リサイクル法

重要度
★★☆

建設リサイクル法とは正式名称を「建設工事に係る資材の再資源化等に関する法律」と言い、建設工事に伴って排出される木材、コンクリート、アスファルトといった法で定める**特定建設資材**について分別、リサイクルを義務付けた法律です。

建設リサイクル法は平成12年5月に制定されました。その背景は、当時の「大量生産・大量消費・大量廃棄」型の社会に伴う大量の産業廃棄物により、当時の国内の埋立最終処分場の残余年数が3～4年にまでひっ迫されていたということ、国内から排出される産業廃棄物の排出量のうち建設系の産業廃棄物はその2割を占め、一方で不法投棄される産業廃棄物の7割は建設系の廃棄物とも言われ、非常に問題視されていたということがあります。建設リサイクル法ではこれらの問題を解決するために、建設系の産業廃棄物のうち、分別を行うことで特に再資源化しやすくなる「**コンクリート**」、「**コンクリート及び鉄から成る建設資材**」、「**木材**」、「**アスファルト・コンクリート**」の**4種**を特定建設資材として、一定の規模以上の建設工事から排出される特定建設資材の再資源化を義務付けています。

■ 図表 5 － 19　特定建設資材廃棄物の種類

種類	イメージ	再資源化の例
①コンクリート		路盤材等
②コンクリート及び鉄から成る建設資材 ※もともと鉄筋とコンクリートで作られた建設資材		
③木材		パーチクルボード バイオマス燃料等
④アスファルト・コンクリート		アスファルト として再生

■ 図表 5 － 20　建設リサイクル法の対象となる工事

工事の種類	規模の基準	
建物の解体	延べ床面積	80㎡以上
建物の新築・増築	延べ床面積	500㎡以上
建物の修繕・模様替等（リフォーム）	請負金額	1億円以上
その他の工作物に関する工事（土木工事等）	請負金額	500万円以上

　建設リサイクル法は一般的に解体工事を行う際の法律という認識をされがちですが、**工事の規模や工事契約の内容によっては、新築、リフォーム等の工事でも対象となります**。例えば、新築工事でも対象となる延べ床面積500㎡以上という基準は、契約単位ごとに判断します。そのため、一つの契約で100㎡の建物を5棟新築する工事でも建設リサイクル法の対象となます。

　建設リサイクル法では、特定建設資材を確実に再資源化するために、施工業者に対して分別解体を義務付けている他、建設工事の発注者や元請業者に対して届出や報告等の手続きも義務付けています。

■ 図表5−21　建設リサイクル法の手続きの流れ

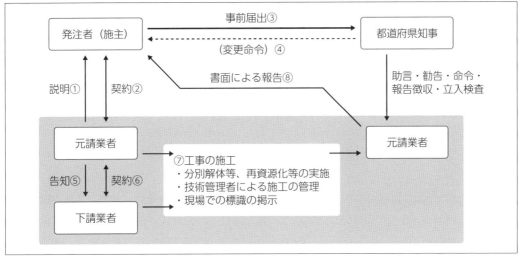

①発注者へ書面で説明（建設リサイクル法第12条）

　元請業者は対象の工事を行う前に建物の構造や工事計画、特定建設資材の再資源化の方法について、発注者に書面で説明をしなければなりません。

②発注者と元請業者の契約

　発注者と元請業者は工事内容について契約を結びます。

③都道府県知事への事前届出の提出（建設リサイクル法第10条）

　発注者は①の説明をもとに都道府県知事へ工事着手の7日前までに事前届出を提出しなければなりません。ただし、この提出は委任状により代理が行うこともでき、元請業者が代理で届出を提出することが一般的です。この届出を行わなかった、又は虚偽の届出をした場合、発注者が20万円以下の罰金の対象となります（建設リサイクル法第51条）。

④変更命令

　事前届出の内容について問題点があった場合、都道府県知事は内容の変更命令を出すことができます。変更命令に違反した場合、30万円以下の罰金の対象となります（建設リサイクル法第50条）。

⑤下請業者への告知（建設リサイクル法第12条第3項）

元請業者は受注した工事の一部又は全部を他の業者へ下請けさせる場合には、事前届出の内容について告知を行わなければなりません。

⑥元請業者と下請業者の契約

元請業者は下請けをさせる場合、⑤の告知の上で、下請業者と契約を結びます。

⑦工事の施工（建設リサイクル法第9条、第16条等）

元請業者は分別解体の実施、現場での標識の掲示、特定建設資材の再資源化等を行います。分別解体や特定建設資材の再資源化を行わなかった場合、都道府県知事から改善命令が出される場合があり、その命令に違反すると50万円以下の罰金が適用されます（建設リサイクル法第49条）。

⑧発注者への報告（建設リサイクル法第18条）

元請業者は工事に伴って排出された特定建設資材について再資源化等が完了したときは、その旨を発注者へ書面で報告します。また、再資源化等の実施状況について記録し保存を行います。再資源化等の実施状況について記録・保存をしなかった、又は虚偽の記録をした場合10万円以下の過料となります（建設リサイクル法第53条）。

建設リサイクル法で注意すべき点は、元請業者だけではなく、**発注者にも義務（③事前届出）が定められている**ということです。この届出は罰則も規定されており、これに違反するということは、発注者が罰則の対象となるので、工事の元請業者にとっては発注者の信頼を喪失させることになります。また、建設工事は関係がないと思っている事業者でも自社の設備や事業所の工事を発注する側として、この義務を負う可能性があります。

COLUMN.26 | 特別法と一般法の関係

　例えば、廃液について水質汚濁防止法で規制される排水処理施設で処理することは、廃棄物の処理に当たるのでしょうか。これは、廃棄物処理法の規制を受けないと考えることができます。

　これは、**一般法**と**特別法**の関係によるもので、**一般法とはその分野に対して一般的に適用される法**であるのに対して、**特別法は、適用対象がより特定されている法**です。特別法は一般法に優先するため、それぞれで異なった規定が設けられている場合は、特別法の規定が適用されます。

　以下の、建築物であるＰＣＢ含有塗膜の排出事業者に関する通知が、その考え方を明確に示しています。廃棄物処理法では建設工事に伴う排出事業者は元請業者であると定められていますが、ＰＣＢ廃棄物の譲り受け禁止等を定める特別法であるＰＣＢ特措法の考え方が優先されます。結論として、廃棄物処理法の規定に関わらず、除去したＰＣＢ含有塗膜の排出事業者は施設の保有・管理を行う工事の発注者側となります。

> **平成31年2月26日「塗膜の除去工事に伴い排出されるポリ塩化ビフェニル廃棄物の処理責任について（通知）」（一部抜粋）**
> ・ＰＣＢ特別措置法第1条第2項によると、同法は特別法、廃棄物処理法は一般法の関係にあり、ＰＣＢ特別措置法に規定している事柄に関しては、まず同法の規定が優先的に適用され、廃棄物処理法の規程はＰＣＢ特別措置法の規程に矛盾抵触しない範囲内でのみ、補完的、二次的に適用されるのが原則であること
> ・ＰＣＢ廃棄物については、廃棄物処理法に基づく排出事業者責任に加え、これまで長期にわたり保管されてきたことによる環境の汚染等への懸念、処理技術の実用化等を踏まえ、ＰＣＢ特別措置法に基づき、排出事業者に対して一定期間内の適正処理を行う義務を課していること踏まえ、ＰＣＢ含有塗膜の除去工事において、その元請業者に当該義務を課すことは同法の趣旨に反すること

　平成14年5月21日「廃棄物の処理及び清掃に関する法律の運用に伴う留意事項について」（環廃産第294号）の通知では、鉱山保安法、下水道法、水質汚濁防止法の3つの法令が廃棄物処理法の特別法として挙げられていますが、あくまでも例示されているもので、この3つに限られるものではありません。

> **第一　廃棄物の範囲等に関すること（一部抜粋）**
> 2　廃棄物処理法は、固形状及び液状の全廃棄物（略）についての一般法となるので、特別法の立場にある法律（たとえば、鉱山保安法、下水道法、水質汚濁防止法）により規制される廃棄物にあつては、廃棄物処理法によらず、特別法の規定によつて措置されるものであること。

リサイクル率の目標値まで定められている法律

4−5　食品リサイクル法

　食品リサイクル法とは、正式名称を「食品循環資源の再生利用等の促進に関する法律」と言い、平成12年6月に公布、平成13年5月に施行されました。食品廃棄物は大量に排出され、そのほとんどが焼却又は埋立処分されていました。

　そういった背景から、食品リサイクル法は、食品廃棄物の発生抑制と減量化により最終的に処分される量を減少させるとともに、飼料や肥料等の原材料として再生利用するため、食品関連事業者（製造、流通、外食等）による食品循環資源の再生利用等を促進することを目的としています。

　食品リサイクル法のポイントは大きく3つです。

①基本方針

　食品リサイクル法では基本方針が策定されており、その方針の中で食品関連業界ごとに令和元年度までの再生利用等実施率の目標値を定めています。令和元年7月12日には、令和6年度までの再生利用等実施率の目標を設定した、新たな基本方針が公表されています。

■ 図表5−22　食品関連業界ごとの目標値

業界	令和元年度までの目標値	令和6年度までの目標値
食品製造業	95%	95%
食品卸売業	70%	75%
食品小売業	55%	60%
外食産業	50%	50%

②食品廃棄物等多量発生事業者の報告義務

　平成19年に法改正が行われ、食品廃棄物等の前年度の発生量が100t以上の食品関連事業者は「**食品廃棄物等多量発生事業者**」に該当し、6月末までに食品廃棄物等の発生量や食品循環資源の再生利用等の状況を報告することが義務付けられました（食品リサイクル法第9条、同施行令第4条）。

③再生利用等の実施率の目標

　平成19年に法改正がされるまでは食品廃棄物等の排出の総量削減が最大の目標とされ、再生利用（リサイクル）率の基準に関する定めはありませんでした。法改正によって、発生抑制、再生利用、熱回収、減量した量の実施率（**再生利用等実施率**）を算出する計算式が定められ、各食品関連事業者は省令で定める値を実施率の目標値とすることが定められました。

■ 図表 5 － 23　省令で定める目標値

前年度の再生利用等実施率	目標値
20％未満	20％
20％以上～50％未満	前年度の再生利用等実施率＋ 2 ％
50％以上～80％未満	前年度の再生利用等実施率＋ 1 ％
80％以上	維持・向上

　食品廃棄物は業界によって排出されるものの質や量に大きな違いがあります。食品製造業や食品卸売業から排出される場合、工場などから一定以上の量がまとまって排出され、またその食品廃棄物も腐敗等がなく、良質なものである場合がほとんどです。そのため、食品廃棄物は飼料や肥料にリサイクルされやすく、高いリサイクル率が達成されています。

　一方で食品小売業や外食産業では店舗ごとから排出される量は製造業等の工場などと比べれば少なく、また食べ残し等は質も悪いため飼料化などのリサイクルに向かないため、リサイクル率が低くなっており、今後の課題と言えます。

　また、食品リサイクル法ではこういった課題解決のために、食品関連事業者と食品循環資源の飼肥料化を行う再生利用事業者（いわゆる処分業者）と農林漁業者等が共同して、食品廃棄物の再資源化を行う**食品リサイクルループ**という制度を設けています。この制度は、食品関連事業者が排出した食品廃棄物を再生利用事業者が飼肥料化し、その飼肥料を農林漁業者等が利用、その飼肥料を利用して栽培・育成された特定農畜水産物を食品関連事業者が購入するという事業計画について、大臣の認定を受けることができる制度です。認定を受けることで、食品廃棄物の運搬に係る業の許可が不要となるなどの特例が適用されます。

4－6　小型家電リサイクル法

小型家電リサイクル法とは正式名称を「使用済小型電子機器等の再資源化の促進に関する法律」と言い、平成24年8月に公布、平成25年4月1日から施行されました。

　小型の電子機器等には、アルミや貴金属、レアメタルなどの資源が多く使われています。特に都市部で大量に排出されるこういった電子機器等は有用な資源が存在することから「**都市鉱山**」と呼ばれることがあります。この使用済みの小型電子機器等に含まれる資源の再資源化を促進するために小型家電リサイクル法が制定されました。

　企業が事業活動に伴って上記対象品目の機器を廃棄する場合、基本的には産業廃棄物に該当します。小型家電リサイクル法では、この法律で定める使用済小型電子機器等の再資源化事業について認定を受けた者又はその委託を受けた者が使用済小型電子機器等の再資源化に必要な行為を行うときは、処理業の許可が不要となるとしています（小型家電リサイクル法第13条）。

　認定を受けた業者へ産業廃棄物である小型電子機器等を委託することは可能ですが、契約書やマニフェストといった、その他の廃棄物処理法で定められた委託基準は守らなければなりません。

■ 図表5－24　小型家電リサイクル法の対象機器品目

1	電話機、ファクシミリ装置その他の有線通信機械器具
2	携帯電話端末、ＰＨＳ端末その他の無線通信機械器具
3	ラジオ受信機及びテレビジョン受信機
4	デジタルカメラ、ビデオカメラ、ディー・ブイ・ディー・レコーダーその他の映像用機械器具
5	デジタルオーディオプレーヤー、ステレオセットその他の電気音響機械器具
6	パーソナルコンピュータ
7	磁気ディスク装置、光ディスク装置その他の記憶装置
8	プリンターその他の印刷装置
9	ディスプレイその他の表示装置
10	電子書籍端末
11	電動ミシン
12	電気グラインダー、電気ドリルその他の電動工具
13	電子式卓上計算機その他の事務用電気機械器具
14	ヘルスメーターその他の計量用又は測定用の電気機械器具
15	電動式吸入器その他の医療用電気機械器具
16	フィルムカメラ
17	ジャー炊飯器、電子レンジその他の台所用電気機械器具
18	扇風機、電気除湿機その他の空調用電気機械器具
19	電気アイロン、電気掃除機その他の衣料用又は衛生用の電気機械器具
20	電気こたつ、電気ストーブその他の保温用電気機械器具
21	ヘアドライヤー、電気かみそりその他の理容用電気機械器具
22	電気マッサージ器
23	ランニングマシンその他の運動用電気機械器具
24	電気芝刈機その他の園芸用電気機械器具
25	蛍光灯器具その他の電気照明器具
26	電子時計及び電気時計
27	電子楽器及び電気楽器
28	ゲーム機その他の電子玩具及び電動式玩具

その他注意を要する法律

オゾン層破壊、地球温暖化への対策のための法律

5-1　フロン排出抑制法

重要度
★★☆

　フロン排出抑制法の正式名称は「フロン類の使用の合理化及び管理の適正化に関する法律」と言い、平成25年6月にその前身であるフロン回収破壊法を大幅に改正する形で公布、平成27年4月から施行されました。

　フロン類は一般にモノを冷やすための冷媒として使用されることが多い物質で、空調機器や冷蔵・冷凍機器に広く使用されています。しかし、大気中に放出されるとオゾン層を破壊する物質であることが分かり、世界的にオゾン層破壊の影響のない**代替フロン**への切り替えと全廃に向けた取組みがされています。

　また、フロン類（CFC、HCFC、HFC）はオゾン層破壊の原因物質であるだけでなく、地球温暖化への影響（**地球温暖化係数**）も非常に大きな物質です。地球温暖化係数とは、**二酸化炭素を1とした場合のその物質が地球温暖化へ与える影響を示した数値**です。そのため、地球温暖化防止のためにもフロン類の大気中への放出を防ぐことが求められています。

■ 図表5-25　フロン類の地球温暖化係数の例

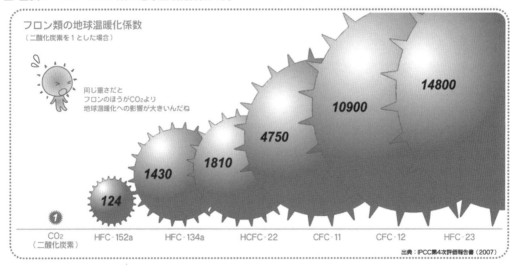

※出典：環境省・経産省「フロン類算定漏えい量報告・公表制度パンフレット」
(http://www.meti.go.jp/policy/chemical_management/ozone/files/law_furon/41_roueiryou-brochure.pdf)

　前身であるフロン回収破壊法はフロン類を使用している業務用機器を対象に、機器を廃棄する際に中に充填されているフロン類を回収、破壊することを義務付けた法律でした。

　しかし、その回収率は想定される回収量の3〜4割程度と非常に低く、そして機器の廃棄時以外にも使用中の経年劣化や故障によるフロン類の漏えいもあることが明らかとなりました。そのため、フロン類の回収、破壊にとどまらず、フロン類の製造から廃棄に至るライフサイクル全体の包

括的な対策を講じる改正が行われ、フロン排出抑制法となりました。

■ 図表 5 −26　フロン排出抑制法の主なポイント

主体	求められる責務の概要
ガスメーカー	フロン類代替物質の開発等、フロン類の新規の製造量・輸入量の削減
対象機器の 製品メーカー	ノンフロン・低GWP（地球温暖化影響の低い）製品への転換の促進
対象機器の管理者	対象機器の使用中の点検、漏えい防止、漏えい量の把握と報告、廃棄時の適正なフロン類の引渡し
フロン類の充填回収、 破壊、再生業者	フロン類の適正な充填回収、破壊、再生の実施

　フロン排出抑制法の対象となる機器は、業務用の空調、冷蔵、冷凍機器です。フロン類自体は気体であるため、廃棄物処理法の対象外です。対象の機器を廃棄する際は、機器本体は廃棄物処理法に基づく適切な処理委託を行い、機器内に充填されているフロン類はフロン排出抑制法に基づいて適切に破壊又は再生されるように専門業者へ委託します。

　対象機器の管理者には、冷媒管理を徹底するためのルールが定められています。これは、業務用冷凍空調機器の使用時において、整備不良や経年劣化等によって、これまでの想定以上にフロン類の漏えいが起きていることが判明したためです。

　管理者は、平常時に3ヶ月に1回以上の点検を行わなければなりません。また、定格出力が7.5kw以上の機器については、3年に1回又は1年に1回以上、専門知識を有する者による定期点検を実施しなければなりません。点検等によって、冷媒の漏えいが確認された場合、修理などの漏えい防止措置を行うまでは、原則としてフロン類の充填が禁止されています。

　また管理者は、追加充填した総量からみなされる算定漏えい量が、法人単位で年度内に1,000 t−CO_2以上であった場合、算定漏えい量について事業を所管する大臣に対して翌年度の7月末までに報告することも定められています。

　フロン排出抑制法は、令和 2 年 4 月 1 日から改正が施行（令和元年 6 月 5 日に改正）され、温暖化対策の目標達成のため、フロン類の回収率を向上させるための規制が強化されています。機器の管理者に関連する主な改正内容は以下の通りです。

■ 図表 5 － 27　機器管理者に関わるフロン排出抑制法改正（令和 2 年 4 月 1 日施行）のポイント

直接罰の創設	フロン類を回収しないまま機器を廃棄する違反について、行政処分のみならず、刑事罰（50万円以下の罰金）の適用対象となります。
機器の廃棄時にフロン回収証明が必須に	廃棄物・リサイクル業者に機器を引き渡す際には、フロン類の引取証明書の写しを一緒に渡す必要があります。 ※廃棄物・リサイクル業者は、フロン類の引取証明書なく引き取ることを禁止（違反した場合には、50万円以下の罰金の適用対象） ※廃棄物・リサイクル業者が、充填回収業の登録を受けている場合には、フロン類の回収と合わせて機器の引取りを依頼することができます。
点検記録の保存義務強化	機器の使用時の点検の記録は、機器を設置してから廃棄した後も 3 年間保存する義務があります。
解体時の説明書類の保存義務強化	解体工事の場合には、元請業者から事前説明された書面を 3 年間保存する義務があります。

5－2　プラスチック資源循環促進法

重要度
★★☆

　プラスチック資源循環促進法は、正式名称をプラスチックに係る資源循環の促進等に関する法律と言い、令和3年6月11日に公布され、令和4年4月1日から施行となっています。海洋プラスチックごみ問題、気候変動問題、諸外国の廃棄物輸入規制強化等などに対応するために、多様な物品に使用されているプラスチックに関して、製品の設計からプラスチック廃棄物の処理までに関わるあらゆる主体におけるプラスチック資源循環等の取組み（3R＋Renewable）を促進するものです。ここで言う、Renewableとは「再生可能な」という意味を持ちます。循環型社会形成推進の原則である3Rの考え方に加えて、再生可能な材料に替えていくことで、持続可能な資源利用をしていくという概念を含みます。

　プラスチック資源循環促進法では「サーキュラーエコノミー」への移行を加速していくことも目的にしています。サーキュラーエコノミーとは、循環型経済とも訳され、平成27年に欧州委員会が「サーキュラー・エコノミー・パッケージ」で提唱した概念です。あらゆる資源の効率的利用を進め、循環利用の高度化を図ろうとするもので、社会全体として廃棄物を出すことなく資源を循環させる経済の仕組みを指します。

■ 図表5－28　サーキュラーエコノミーのイメージ

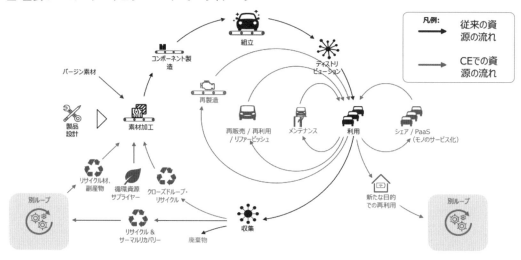

※出典：経済産業省・環境省「サーキュラー・エコノミー及びプラスチック資源循環分野の取組について」
(https://www.meti.go.jp/shingikai/energy_environment/ce_finance/pdf/001_02_00.pdf)

　プラスチック資源循環促進法は、プラスチック廃棄物の排出抑制・再資源化のための環境配慮設計、ワンウェイプラスチックの使用の合理化、プラスチック廃棄物の分別収集・自主回収・再資源化等に関する基本方針を定めた上で、設計・製造、販売・提供、排出・回収・リサイクルの各段階における個別の措置を定めています。

■ 図表 5 - 29　プラスチック資源循環促進法の定める主な内容

段階		個別の措置
設計・製造段階	環境配慮設計指針	・プラスチック使用製品の製造事業者等が務めるべき環境配慮設計に関する指針を策定する ・指針に適合した設計を認定する仕組みを設ける ⇒認定製品を国が率先調達 ⇒再生材の利用にあたっての設備の支援
販売・提供	使用の合理化	・ワンウェイプラスチック（特定プラスチック使用製品）の提供事業者が取り組むべき判断基準（目標設定、使用の合理化、責任者の設置など）を策定する ⇒多量提供事業者（前年度に提供した特定プラスチック使用製品が 5 t 以上）に対して、勧告・公表・命令をすることができる
排出・回収・リサイクル	市区町村の分別収集・再商品化（ペットボトルを除く一般廃棄物が対象）	・プラスチック資源の分別収集促進のため、容器包装リサイクル法ルートを活用した再商品化を可能にする（プラスチック資源としての一括回収） ・市区町村と再商品化事業者が連携して行う再資源化計画について、認定を受けた場合に、市区町村による選別・梱包等を省略して再商品化事業者が実施することを可能にする（中間処理工程の一体化・合理化）
	製造・販売事業者等による自主回収（広域認定制度に類似する仕組み）	・製造・販売事業者等が、使用済みプラスチック使用製品となったものを自主回収・再資源化する計画について、認定を受けた場合に、廃棄物処理法の業許可が不要になる
	排出事業者による排出抑制	・排出事業者が排出抑制や再資源化等の取り組むべき判断基準を策定する ⇒多量排出事業者（前年度のプラスチック使用製品産業廃棄物等の排出量が250 t 以上、小規模事業者の除外あり）に対して、勧告・公表・命令をすることができる
	排出事業者による再資源化等	排出事業者等が、プラスチック使用製品産業廃棄物等を再資源化する事業計画について、認定を受けた場合に廃棄物処理法の業許可が不要になる

　ワンウェイプラスチックの提供事業者は、フォーク・スプーン・ストローなどを提供する飲食店やコンビニエンスストア等の小売業に加えて、ヘアブラシや歯ブラシなどを提供する宿泊業、ハンガーや衣類用カバーを提供する洗濯（クリーニング）業などが規定されています。

　排出・回収・リサイクルに関する個別の措置には、廃棄物処理法で必要となる業許可を不要とする認定制度も含まれています。これは、廃棄物処理法に規定される広域認定制度にも類似する仕組みです。現時点では仕組みを構築した段階であるため、今後どれだけの市区町村や事業者が制度を活用できるのか、その拡大が期待されます。

5－3　ダイオキシン類対策特別措置法

重要度
★☆☆

　ダイオキシン類対策特別措置法は、平成11年7月に公布され、平成12年1月に施行されました。この法律は、ダイオキシン類による環境の汚染の防止及びその除去等をするため、ダイオキシン類に関する施策の基本とすべき基準を定めるとともに、必要な規制、汚染土壌に係る措置等を定めることを目的に制定されました。

　ダイオキシン類特別措置法では人が生涯にわたって継続的に摂取したとしても健康に影響を及ぼすおそれがないダイオキシン類の摂取量の基準である**耐容一日摂取量**や人の健康を保護する上で維持されることが望ましい環境基準について定めています。

■ 図表5－30　耐容一日摂取量と環境基準

耐容一日摂取量		体重1kg当たり　4pg（ピコグラム）
環境基準 （参考）	大気	0.6pg－TEQ/㎥以下
	水質	1pg－TEQ/L以下
	土壌	1,000pg－TEQ/g以下

　そして法律では特定施設を定め、該当する施設又は**特定施設を設置している工場や事業場に対して、排ガスや排出水の基準を規定、定期的な測定と報告を義務付けています。**

■ 図表5－31　大気の排出基準が適用される特定施設

番号	特定施設の種類	該当規模要件	
1	焼結鉱（銑鉄の製造の用に供するものに限る。）の製造の用に供する焼結炉	原料の処理能力が時間当たり1t以上	
2	製鋼の用に供する電気炉（鋳鋼又は鍛鋼の製造の用に供するものを除く。）	変圧器の定格容量が1,000kVA以上	
3	亜鉛の回収（製鋼用電気炉の集じん灰からの亜鉛の回収に限る。）の用に供する焙焼炉、焼結炉、溶鉱炉、溶解炉又は乾燥炉	原料の処理能力が時間当たり0.5t以上	
4	アルミニウム合金製造（原料としてアルミニウムくず（当該工場の圧延工程から生じたものを除く。）を使用するものに限る。）の用に供する焙焼炉、溶解炉、乾燥炉	焙焼炉、乾燥炉	原料の処理能力が時間当たり0.5t以上
		溶解炉	容量が1t以上
5	廃棄物焼却炉	焼却能力（合計）が時間当たり50kg以上 又は火床面積（合計）0.5㎡以上	

■ 図表 5 － 32　大気関係の排出基準（単位：ng－TEQ/N㎥）

特定施設の種類		新設施設の排出基準	既設施設の排出基準 （平成14年 1 月14日以前）
廃棄物 焼却炉	4 t／h以上	0.1	1
	4 t／h未満 2 t／h以上	1	5
	2 t／h未満	5	10
製鋼用電気炉		0.5	5
焼　結　炉		0.1	1
亜鉛回収施設		1	10
アルミニウム合金製造施設		1	5

■ 図表 5 － 33　水質の排出基準が適用される主な特定施設

番号	特定施設の種類
1	クラフトパルプ、サルファイトパルプ製造の用に供する塩素系漂白施設
2	塩化ビニルモノマーの製造の用に供する二塩化エチレン洗浄施設
3	アルミニウム又はその合金の製造の用に供する焙焼炉、溶解炉又は乾燥炉から発生するガスを処理する廃ガス洗浄施設、湿式集じん施設
4	大気基準適用施設である廃棄物焼却炉から発生するガスを処理する廃ガス洗浄施設、湿式集じん施設
	大気基準適用施設である廃棄物焼却炉から生ずる灰の貯留施設であって、汚水等を排出するもの
5	廃ＰＣＢ等又はＰＣＢ処理物の分解施設
	ＰＣＢ汚染物又はＰＣＢ処理物の洗浄施設
6	上記 1 号から 5 号及び 7 号の施設から排出される下水を処理する下水道終末処理施設
7	上記 1 号から 5 号までの施設を設置する事業場から排出される水の処理施設

■ 図表 5 −34　水質関係の排出基準（単位：pg−TEQ/L）

特定施設の種類	新設施設・既設施設 一律の排出基準
クラフトパルプ、サルファイトパルプ製造用の塩素系漂白施設	
廃ＰＣＢ等又はＰＣＢ処理物の分解施設 ＰＣＢ汚染物又はＰＣＢ処理物の洗浄施設	
アルミニウム、アルミニウム合金の製造の用に供する溶解炉、乾燥炉又は焙焼炉に係る廃ガス洗浄施設、湿式集じん施設	
塩化ビニルモノマーの製造施設のうち二塩化エチレン洗浄施設	10
大気基準適用施設である廃棄物焼却炉の廃ガス洗浄施設、湿式集じん施設、大気基準適用施設である廃棄物焼却炉から生ずる灰の貯留施設であって汚水又は廃液を排出するもの	
上記の施設を設置する事業場から排出される水の処理施設	
上記の施設から排出される下水を処理する下水道終末処理施設	

ＰＣＢ廃棄物の処理期限を定めた法律

5－4　ＰＣＢ特別措置法

重要度
★★☆

　ＰＣＢ特別措置法とは、正式名称を「ポリ塩化ビフェニル廃棄物の適正な処理の推進に関する特別措置法」と言い、平成13年6月に公布、同年7月に施行されました。この法律はＰＣＢ廃棄物が長期にわたり処分されていない状況にあることから、ＰＣＢ廃棄物の保管、処分等について必要な規制等を行うとともに、ＰＣＢ廃棄物の処理のための必要な体制を速やかに整備することで、その確実かつ適正な処理を推進することを目的としています。

　ＰＣＢ特別措置法では主に次の6つについて定められています。

■ 図表5－35　ＰＣＢ特別措置法の定め

①それぞれの責務	保管事業者	ＰＣＢ廃棄物を自らの責任で確実・適正に処理しなければならない
	ＰＣＢ製造業者	国等の実施する施策に協力しなければならない
	国	・ＰＣＢ廃棄物の確実・適正な処理を確保するための体制の整備、その他必要な措置を講ずるよう努めなければならない ・国民、事業者、製造業者の理解を深めるよう努めなければならない
	都道府県等	・区域内のＰＣＢ廃棄物の状況を把握し、確実・適正処理が行われるように必要な措置を講ずるよう努めなければならない ・国民、事業者、製造業者の理解を深めるよう努めなければならない
②処理計画	環境大臣	ＰＣＢ処理基本計画を定めなければならない
	都道府県等	区域内の処理計画を定め、公表しなければならない
③届出	使用中の届出	高濃度ＰＣＢ使用製品の所有者は毎年度、廃棄見込年月等を都道府県等に届け出なければならない
	廃棄終了届出	高濃度ＰＣＢ使用製品の廃棄がすべて終了した事業者は、廃棄終了から20日以内に廃棄終了の届出を都道府県知事に提出しなければならない
	保管等の届出	ＰＣＢ廃棄物の保管事業者又は処分業者は毎年度、ＰＣＢ廃棄物の保管又は処分の状況を都道府県知事等に届け出なければならない
	継承の届出	相続、合併、分割があった場合、事業者の地位を継承した者は、その継承があった日から30日以内にその旨を都道府県知事に報告しなければならない
④譲渡等の制限		環境省令で定める場合のほか、ＰＣＢ廃棄物を譲渡又は譲受けてはならない
⑤保管状況の公表		都道府県知事等は毎年度、ＰＣＢ廃棄物の保管・処分状況を公表しなければならない
⑥期間内の処分		保管事業者は令和9年3月31日までにＰＣＢ廃棄物を自ら処分するか、処分を委託しなければならない

ＰＣＢ特別措置法はＰＣＢ廃棄物をその規制対象としていましたが、平成28年に改正され、廃棄前の使用中の製品についても一部規制対象となりました。③届出に関して、これまではＰＣＢ廃棄物の保管事業者が対象でしたが、この改正により、高濃度ＰＣＢ使用製品の所有者は使用中であっても、廃棄見込みや廃棄完了（製品としての使用を終了）の届出が義務付けられました。この改正はＰＣＢ廃棄物の処理計画を促進するためのものと言えます。

また、ＰＣＢ廃棄物の処分はＰＣＢ特別措置法第10条により、期限内に処理することが定められています。この改正では、その期限が定められました。処分期限はＰＣＢ廃棄物の種類や地域により異なります。

■ 図表５−36　ＰＣＢ廃棄物の処分期限

区分			処分期限
低濃度ＰＣＢ廃棄物			2027年３月31日まで
高濃度ＰＣＢ廃棄物 （ＪＥＳＣＯ)	大型変圧器・ コンデンサー等	北海道エリア	2022年３月31日まで
		東　京エリア	2022年３月31日まで
		豊　田エリア	2022年３月31日まで
		大　阪エリア	2021年３月31日まで
		北九州エリア	2018年３月31日まで
	安定器及び汚染物等 （小型電気機器の一部を除く）	北海道・東京 エリア	2023年３月31日まで
		北九州・大阪・ 豊田エリア	2021年３月31日まで

産業廃棄物の委託時の情報提供にも関わる法律

5 − 5　化学物質排出把握管理促進法

重要度
★☆☆

化学物質排出把握管理促進法とは、正式名称を「特定化学物質の環境への排出量の把握等及び管理の改善の促進に関する法律」と言い、「**化管法**」とも略されます。平成11年 7 月に公布され、平成12年 3 月に施行されました。

この法律は、有害性のある様々な化学物質の環境への排出量を把握することで、化学物質を取り扱う事業者の自主的な化学物質の管理の改善を促進し、化学物質による環境の保全上の支障を未然に防止することを目的としています。

この法律ではその対象となる化学物質を、人の健康等に有害なおそれがあるなどの性状を有するもので、環境中にどれくらい存在しているかによって「**第一種指定化学物質**」と「**第二種指定化学物質**」の 2 つに区分し、「**第一種指定化学物質**」の中でも特に発がん性、生殖細胞変異原性及び生殖発生毒性が認められる物質を「**特定第一種指定化学物質**」に指定しています。

■ 図表 5 − 37　化管法の対象となる化学物質の区分（令和 5 年 4 月〜）

第一種指定化学物質	515物質（うち23物質は特定第一種指定化学物質）
第二種指定化学物質	134物質

対象となる化学物質は、令和 3 年10月20日に公布された政令改正によって、令和 5 年 4 月 1 日から変更されます。第一種指定化学物質は462物質から515物質に、そのうち特定第一種指定化学物質は15物質から23物質に、第二種指定化学物質は100物質から134物質に、それぞれ変更されます。それぞれの物質数は増加していますが、除外されたものもあるため、個別に確認する必要があります。なお、新規指定化学物質のＳＤＳ提供義務も令和 5 年 4 月 1 日から開始となりますが、サプライチェーン上の事業者へ情報が行き渡るようにするため、可能な限り早期に新規指定化学物質に対応したＳＤＳを提供することが求められます。

それらの化学物質の排出量等を把握し、環境への支障を未然に防止するために、**ＰＲＴＲ（化学物質排出・移動量登録）制度**とＳＤＳ（**安全データシート）制度**の 2 つの制度を定めています。

①ＰＲＴＲ制度（化管法第 5 条等）

第一種指定化学物質について、法令で定める条件に該当する事業者に対して製造・使用する物質の排出・移動量の把握とその届出を義務付けています。届出の対象となるのは図表 5 − 38の業種のうち、条件いずれにも該当する事業者です。

対象となる業種 （24業種）	・すべての製造業　　・金属鉱業　　・原油・天然ガス鉱業　　・電気業 ・ガス業　　　　　　・熱供給業　　・下水道業　　　　　　　・鉄道業 ・倉庫業（農作物を保管するもの又は貯蔵タンクにより気体若しくは液体を貯蔵するものに限る） ・石油卸売業 ・鉄スクラップ卸売業（自動車用エアコンディショナーに封入された物質を回収し、又は自動車の車体に装着された自動車用エアコンディショナーを取り外すものに限る） ・自動車卸売業（自動車用エアコンディショナーに封入された物質を回収するものに限る） ・燃料小売業　　　・洗濯業　　　・写真業　　　・自動車整備業 ・機械修理業　　　・商品検査業 ・計量証明業（一般計量証明業を除く） ・一般廃棄物処理業（ごみ処分業に限る） ・産業廃棄物処分業（特別管理産業廃棄物処分業を含む）　　　・医療業 ・高等教育機関（付属施設を含み、人文科学系のみに係るものを除く） ・自然科学研究所
条件①：従業員数	従業員数が21名以上の事業者 （本社、支店、営業所等含め全事業所の合計従業員数）
条件②：対象物質の取扱量	次に掲げる事業所等を設置している事業者 ・対象物質の年間製造量と年間使用量を合計した量が1 t 以上※の事業所 ・鉱山保安法により規定される特定施設（金属鉱業、原油・天然ガス鉱業に属する事業を営む者が有するものに限る） ・下水道終末処理施設（下水道業に属する事業を営む者が有するものに限る） ・一般廃棄物処理施設及び産業廃棄物処理施設（ごみ処分業及び産業廃棄物処分業に属する事業を営む者が有するものに限る） ・ダイオキシン類対策特別措置法により規定される特定施設

※特定第一種指定化学物質の場合は0.5 t 以上

②ＳＤＳ制度（化管法第14条）

　ＳＤＳ制度は第一種指定化学物質と第二種指定化学物質又はそれらを含有する製品について他の事業者に譲渡・提供する場合に、化管法ＳＤＳを用いて有害性や取扱いに関する情報の提供を行う制度です。化管法に定める条件に該当する譲渡・提供を行う場合にＳＤＳ制度が義務付けられ、またラベルによる表示を行うよう努力義務が定められています。

　ＳＤＳ制度は、業種の指定や対象物質の取扱い量に限定はありません。対象となる物質又はそれを一定量含む製品の取扱いの有無と、その流通形式等でのみ判断されます。

■ 図表 5 −39　ＳＤＳ制度対象事業者判定フロー

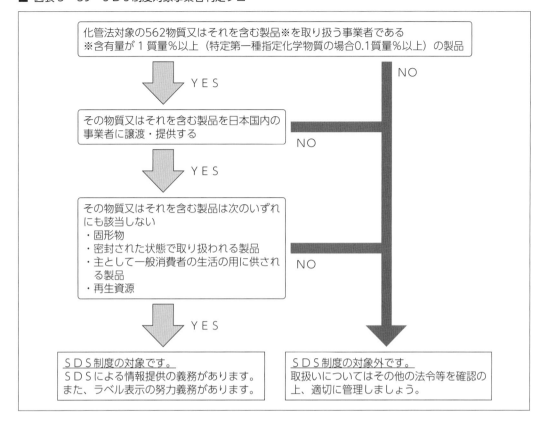

災害廃棄物に関する対応

災害への迅速な対応のために新たに定められた規定

重要度
★☆☆

6-1　災害廃棄物

　東日本大震災を始めとする近年の災害の教訓として、災害により生じた廃棄物を円滑・迅速に処理していくためには、関係者が連携・協力した上で、平時から災害に備える必要があること、また、災害が発生した後に柔軟な対応を確保するため、特例的な措置が必要であること、などが明らかとなりました。

　そこで、平成27年には廃棄物処理法を改正する形で、災害時の廃棄物対策について法整備がされました。

■ 図表5-40　平成27年の改正ポイント

【災害廃棄物の処理体制を構築】 ポイント1．都道府県等の作成する廃棄物処理計画に災害廃棄物に関する項目を追加（法第5条の5第2項第5号） 【市町村の災害廃棄物処理を支援】 ポイント2．非常災害時における一般廃棄物の再委託を容認（施行令第4条第1項第3号） ポイント3．非常災害時は一般廃棄物処理業の許可が不要（施行規則第2条、第2条の3等） ポイント4．非常災害時の一般廃棄物の処理施設設置に関する基準の簡略化（法第9条の3の3等）

　一般廃棄物処理業の許可が不要となる場合には、もともと市町村から委託を受けた者が規定されていましたが、そこに「（非常災害時における市町村から委託を受けた者による委託を含む。）」という文言が追加されました。これにより、**非常災害時には、市町村から委託を受けた者による再委託を受けた者も一般廃棄物処理業の許可が不要**となりました。

　非常災害時に発生した多量の廃棄物は**災害廃棄物**と呼ばれ、災害廃棄物対策指針の中で、その処理主体は市町村であると明記されています。大きな災害が発生した場合、その処理主体である市町村も被災することで十分な機能を発揮できない場合があり、東日本大震災の際には、こういった規定がなかったため、特例措置に関する通知等が出されるまでの数ヵ月間、災害廃棄物の処理が進まなかったという教訓から、非常災害時の規定が設けられました。

索引

[著者]

一般社団法人企業環境リスク解決機構

通称 CERSI（セルシ）（CERSI:Corporate Environmental Risk Solution Institution）

2015年設立。多様化・複雑化する企業環境リスクについて、すべての企業が何らかの対策を講じなければならないという考えのもと、「環境リスクを未然に防止できる人材をすべての企業で輩出すること」を目的とし、活動している。産業廃棄物適正管理能力検定を主催。

[執筆代表]

子安 伸幸（こやす のぶゆき）

一般社団法人企業環境リスク解決機構　理事 兼 事務局長

産業廃棄物管理を中心とする環境コンサルティング企業、株式会社ユニバースのチーフコンサルタントとして、企業環境リスクに関する危機管理のためのコンサルティングや人材育成を手掛ける。セミナー講師・企業担当者のアドバイザーとして、年間3000人以上にプレゼンテーションを行い、クライアントの危機管理意識向上や対策等を立案・指導している。廃棄物削減やリスク管理における戦略的な問題解決手法に定評がある。千葉大学工学部卒。
著作に「図解と実践トレーニングでわかる！ISO14001内部監査」（2020年10月　第一法規）、「図解 産業廃棄物処理がわかる本」（2018年10月 日本実業出版社）、他。

[執筆協力]

原 史明（はら しめい）

環境省からの受託事業として漂流・海底ごみの実態把握調査（平成27年度）を中心になって実施した。産業廃棄物適正管理能力検定の企画・創設段階から参画し、検定の運営全般を主体的にすすめる。同検定の合格を支援し、合格者が登録できる「産業廃棄物適正処理管理士」に最新情報を提供している。ＣＥＲＳＩ主催のセミナーにも登壇し、正確な知識を伝達する検定の趣旨を体現している。京都大学農学部卒。

小林 寛子（こばやし ひろこ）

司法書士（簡裁訴訟代理等関係業務の認定考査を含む）、行政書士、社会保険労務士等の法律系の国家資格に合格し、数多くの法律に精通している。
大手通信教育会社の司法書士講座の講師を長年にわたって務め、テキストや問題集の執筆、ウェブコンテンツ等の教材作成を手掛けた。難しい法令をかみ砕いて説明する手法には定評がある。国際基督教大学教養学部卒。

板倉 聡至（いたくら そうし）

産業廃棄物適正管理能力検定の運営を担当しながら、環境コンサルタントとしてクライアントの課題解決を続けている。早稲田大学社会科学部卒。

サービス・インフォメーション

──通話無料──

① 商品に関するご照会・お申込みのご依頼
　　　　　TEL 0120 (203) 694／FAX 0120 (302) 640

② ご住所・ご名義等各種変更のご連絡
　　　　　TEL 0120 (203) 696／FAX 0120 (202) 974

③ 請求・お支払いに関するご照会・ご要望
　　　　　TEL 0120 (203) 695／FAX 0120 (202) 973

● フリーダイヤル（TEL）の受付時間は、土・日・祝日を除く
　9:00～17:30です。
● FAXは24時間受け付けておりますので、あわせてご利用ください。

産業廃棄物適正管理能力検定　公式テキスト　第5版

2019年5月10日　　第4版発行
2022年3月5日　　第5版第1刷発行
2024年9月20日　　第5版第6刷発行

著　　者　　一般社団法人企業環境リスク解決機構
発行者　　田　中　英　弥
発行所　　第一法規株式会社
　　　　　〒107-8560　東京都港区南青山2-11-17
　　　　　ホームページ　https://www.daiichihoki.co.jp/
デザイン　　篠　隆二
印　　刷　　法規書籍印刷株式会社

産廃テキスト5版　ISBN 978-4-474-07605-1　C2032（9）